复杂网络建模与行为分析

Complex Network Modeling and Behavior Analysis

刘小洋　著

国防工业出版社

·北京·

内 容 简 介

随着人工智能、大数据及自媒体的快速进步,复杂网络建模思想与行为分析理论与实践方法在人们生活、工作等方面得到了广泛的应用与发展,同时也催生出了各种对复杂网络的数学建模方法和分析技术。本书主要围绕复杂网络建模与行为分析展开,主要内容包括复杂网络统计特性、经典四种复杂网络模型、复杂网络影响力节点挖掘、复杂网络用户转发行为分析与预测、谣言传播行为分析、个性化推荐行为分析。本书可读性强,内容丰富,涉及计算机科学、数学、新闻与传播学、社会学、管理学等多个学科领域。

本书可作为计算机科学与人工智能领等相关领域科研技术人员、工程师和高等院校师生的参考书,也可作为计算机类专业研究生教材。

图书在版编目(CIP)数据

复杂网络建模与行为分析/刘小洋著.—北京:
国防工业出版社,2024.6.—ISBN 978-7-118-13387-5

Ⅰ.TP393

中国国家版本馆 CIP 数据核字第 2024QH3717 号

※

国防工业出版社出版发行

(北京市海淀区紫竹院南路 23 号　邮政编码 100048)
雅迪云印(天津)科技有限公司印刷
新华书店经售

*

开本 710×1000　1/16　插页 9　印张 12½　字数 216 千字
2024 年 6 月第 1 版第 1 次印刷　印数 1—1500 册　定价 129.00 元

(本书如有印装错误,我社负责调换)

国防书店:(010)88540777　　书店传真:(010)88540776
发行业务:(010)88540717　　发行传真:(010)88540762

前　言

　　复杂网络主要由节点(顶点)表示不同元素或参与者,由连边表示元素或参与者之间的联系。复杂网络分析领域借鉴了数学中的图论,物理学中的统计力学,计算机科学中的数据挖掘和信息可视化,统计学中的推理建模和社会学中的社会结构等理论和方法。现实生活中,我们应该以复杂网络理论思考问题。本书致力于研究复杂网络建模及行为分析方法,分析开放的复杂网络与复杂系统,结合数学、物理学、控制论、信息论、传播学等交叉科学的相关技术与方法,重点关注复杂网络统计特性、四种复杂网络模型、复杂网络影响力节点挖掘、复杂网络用户转发行为分析与预测、谣言传播行为分析、个性化推荐行为分析等。

　　本书共 10 章。第 1 章首先介绍了复杂网络基本定义,包括复杂网络特性、网络统计特性、拓扑结构属性等;分析了复杂网络的四种经典模型,对规则网络和随机网络进行了简单的介绍,并且在此基础上进行了二者的对比分析,结合图例的方式阐述了二者的联系和区别。其次对著名的网络模型小世界网络进行了更为详细的介绍与分析,并从几何性质上描述了其结构特点。最后对研究热点无标度网络进行了介绍和详细的应用分析。

　　第 2 章提出了一种新的混合的基于网络结构和 TOPSIS 模型的复杂网络最有影响力传播者识别方法。首先利用网络分解将网络划分成层级或社区结构;同时提出了一种影响力最大化模型 TOPSIS-IM 在每一层级或社区内选择节点,并消减了节点影响范围的重叠。利用已有的 H-index 等中心性来作为效益型指标以及设计出节点与种子节点之间的直接相似性和间接相似性作为成本型指标来构建多标准决策问题。然后利用 TOPSIS 方法计算综合评分后对节点进行排序的同时在每一层级中按节点占比来选择排名靠前的节点。如果 K-shell 作为主要评分,那么效益型指标如 Degree 等可以看作次级评分。其中基于 K-shell 和 TOPSIS 的 K-TOPSIS 算法可以作为一个一般框架来纳入可以求出节点中心性值的中心性方法,使已有方法得到提高。此外,SIR 和 SI 模型以及平均最短路径长度被用来评估所提出的 K-TOPSIS、CM-TOPSIS 方法与其他已有的 Degree、K-shell 等基准方法。在 Jazz 等 9 个真实的网络数据集上进行测试结果表明,所提出的 K-TOPSIS 方法在 SIR 和 SI 模型中的感染规模和传播速度上都明显优于已有的基准方法,并且所提出 K-TOPSIS 方法选择的初始节点集更大,意味着选择出来的种子节点更分散,更能产生更大的传播影响。可见,提出的 K-TOPSIS 方法是合理的、有效的。

第 3 章提出了一种基于社区的反向生成网络框架 CBGN 去解决影响力最大化问题。首先利用适合应用数据集的、考虑运行时间的 Louvain 算法将网络划分成自然的社区,通过这一步缩小影响力节点的搜索范围。然后将每个社区视为原图的诱导子图,在每个子图中运用图遍历优化的度中心性来辅助反向构建网络,每次向网络中加入最小化代价函数的节点,当剩余未加入网络的节点满足候选节点数量时停止构建网络,所有的这些候选节点被送入候选节点池。通过分析稳健性实验,改进的反向生成网络算法在整个网络或独立的社区中都能获得更小的稳健性值。这验证了改进的 IMP_BGN 算法更能选择出网络中的关键节点或维持网络稳定性的节点作为候选节点。最后,利用度折扣和考虑网络结构和节点位置关系的贪心算法在候选节点池中选择出最终的种子节点。通过算法的传播规模和平均最短路径长度实验证明,提出的 CBGN 方法选择的种子节点感染速度更快,感染规模更大,并且种子节点集之间在大部分网络上都是分散的。同时,在平均度可调的BA 网络上我们的算法也能给出令人满意的效果。

第 4 章用深度学习来解决影响力最大化问题,提出一种基于改进图注意力的影响力最大化模型。首先在 15 个节点组成的合成网络上训练的模型,这些训练网络的标签由穷举法获得;当模型训练足够优秀之后,将其用于真实网络上进行测试。以节点的图遍历中心性、信息熵、VoteRank 和 K-shell 作为输入/输出为节点属于最优传播集的概率。在 SIR 模型仿真实验表明,提出的 IMGAT 模型可以最大化感染规模,并且在给定感染规模的前提下可以最小化初始种子节点集的大小。但是该模型仍不能适用于所有类型的网络,在今后的研究中将进一步完善模型框架。

第 5 章研究了异构网络的影响力关系和扩散行为关系等空间因素,以及时间因素对信息传播扩散的影响,设计了一种基于时空注意力机制图卷积网络的信息预测模型。STAHGCN 模型综合对影响力、扩散行为和时间因素的考虑以及注意力机制融合算法的应用,使用户融合和用户表示更加全面更加准确,提高了信息预测的准确率,此外,具有 MASK Attention 的多头注意力机制解决了时间戳信息预测与信息上下文依赖问题。在 3 个数据集上的实验结果表明,与其他基准模型相比,STAHGCN 模型的性能是最佳的。

第 6 章提出了融合超图注意力机制与图卷积网络的用户转发预测模型(HG-ACN),利用深度学习框架,不仅研究了用户间有向的社交关系,而且考虑到用户间和级联间的交互,使得信息传播预测的性能得到大大的改善。首先对级联图采样,获得子级联序列,引入级联拉普拉斯算子利用 LGCN 学习用户的社交关系特征,学习用户之间的同质性,获得全局用户社交关系表示;其次构建扩散超图,通过 HGAT 学习不同时间间隔的用户间及级联间的交互特征,将学习到的用户表示融合起来,获得更具表现力的用户表示。最后将更具表现力用户表示输入带有掩码的多头注意力机制进行信息预测。经过在 5 个数据集上进行实验,结果表明,提出的 HGACN 模型预测精度高于先前的模型,使得信息预测性能得到进一步提升。

第 7 章针对谣言传播行为进行了研究,先前的谣言检测工作大多采用循环神经网络来提取文本语义特征而导致效果不佳,且单一的图卷积网络获取的传播结构特征质量不高,针对这些问题,本章提出了基于边学习的特征融合谣言检测模型 AEGCN。首先为社交网络中的信息构建传播结构图,利用图卷积网络来处理传播结构图,聚合节点信息,为了进一步增强边结构的信息,在图卷积网络的基础上加入了边学习模块,提高了传播结构特征的质量。在谣言的文本语义特征方面,使用注意力机制替代循环神经网络,能够关注不同谣言之间的语义联系,挖掘深层的语义特征。最后将两种特征进行融合,使用融合特征来进行检测任务。实验证明 AEGCN 的效果较传统的检测模型有大幅的提升,证明本章提出的模型使合理有效的。

第 8 章提出了融合图卷积和双重注意力机制的社交网络谣言检测方法 DA-GCN,通过抑制传播结构中的干扰和挖掘用户评论中的线索来得到更高质量的抗干扰传播结构特征和交互性文本语义特征,为谣言构建了全新的表示,实现了更高效率和更好效果的谣言检测任务。模型为谣言构建传播图,通过注意力机制发现和抑制传播结构中虚假和无关的交互关系,从而减少干扰,同时利用图卷积来提取抗干扰的传播结构信息;此外模型通过注意力机制充分挖掘用户评论和观点中的有效信息,并与源微博(推特)相融合,得到交互性文本语义特征;最后模型将抗干扰传播结构特征和交互性文本语义特征融合产生新的表示。3 个真实数据集上的实验结果表明本书提出的 DA-GCN 在谣言检测和早期检测任务上均取得了非常好的效果并且优于其他基准模型。此外,本章在 DA-GCN 的基础上构建了 SA-GCN 及 SAN 等模型来进行消融实验,实验结果也进一步验证了 DA-GCN 中每个模块的有效性和和合理。

第9章介绍了一种异质图自注意力社交推荐模型 HASR,该模型包括初始化嵌入层、中心度编码的多头节点自注意力层、图卷积层、社交语义融合层和推荐预测层。其中,中心度编码的多头节点自注意力层可以感知到来自全局节点的交互和社交信息,并对这些信息进行重要程度的区分;图卷积层可以捕捉用户和物品的高阶协同信号,从而获得更高质量的用户表示和物品表示;社交语义融合层使得用户表示同时融合了社交信息和交互信息。该算法在 Ciao、Flickr 和 DouBan Movie 3 个数据集上的实验结果都明显优于其他模型,证明了该模型的有效性。然而当前模型的建模只是根据 ID 进行异质图的建模,随着知识图谱的发展,后续的研究将考虑将用户的其他信息,比如用户的自然属性特征、地理分布特征等用户画像信息,以及物品画像信息,加入到异质图中,捕获更多的协同信号和更精确的社交影响,以期望进一步提高模型推荐质量。

第10章提出了一种新复杂网络社会推荐方法,该方法利用图卷积技术并整合社会关系。并构建了一种基于图卷积的通用协同过滤社交推荐模型的体系结构,该模型由初始化嵌入层、语义聚合层、语义融合层和预测层组成。语义聚合层和语义融合层是 SRGCF 的核心,分别起着提取高阶语义信息和整合各种语义信息的作用。在此基础上,我们提出了一种可行的 SRRA 算法,该算法可以对交互行为和社会关系进行建模。它可以利用更丰富的社会信息来挖掘潜在的关系,从而提高推荐的性能。在 4 个数据集上的对比实验证明了该模型的有效性。与以往的工作不同,我们尝试探索如何使用图神经网络方法,引入社会辅助信息来构建推荐模型,以学习更好的表示。基于图的模型优于传统的推荐模型,因为它不仅可以学习实体的表示,而且还可以学习实体之间的关系。然而,受限于图神经网络本身的缺点,如多次迭代后过度平滑,可能无法完全学习到实体表示,这需要在模型设计中进行一些优化。未来,我们计划通过增加社交建模和交互建模之间的耦合来优化模型架构,使表征学习更加充分。我们还将尝试探索其他图形表示学习技术的优点,以提高模型的学习能力。

本书的研究成果可为相关管理部门提供决策参考和理论指导,可以帮助相关企事业、公司实现优化产品和服务,并且依据复杂网络中个体不同特点为用户提供更加精准的个性化推荐和网络营销策略、公告精准投放等。

特别感谢为本书做出贡献的课题组成员:李慧、代尚宏、叶舒、苗琛香、马敏、赵正阳、郭龙琴、何松伟、朱景峰、冯瀚文、周鑫怡、杨家宇、段迪、文癸凌等;同时也感谢自己对复杂网络分析研究方向的热爱。

本书可作为计算机科学与技术与人工智能领等相关领域科研技术人员、工程师和高等院校师生的参考书,也可作为计算机类专业研究生教材。

由于作者水平有限以及复杂网络与计算技术的快速发展,书中不足之处在所难免,望读者不吝赐教。所有关于本书的宝贵建议,请发至作者邮箱:lxy3103@163.com。

刘小洋

2024 年 1 月

目　　录

第1章 复杂网络概述

1.1 复杂网络基本理论概述

1.1.1 复杂网络基本定义

图论中的图由节点集 $V = \{v_1, v_2, \cdots, v_n\}$ 和边集 $E = \{e_1, e_2, \cdots e_n\}$ 表示,记为 $G = (V, E)$,其中 n 和 m 分别表示节点数和变数。如果两个节点之间存在某种关系的话,则在两个节点之间连边。如果图中所有的边都是无向的,则该图是无向图(图 1.1(a)),反之是有向图(图 1.1(b))。若一条边的两个端点相同则称此边为环(图 1.1(a)中边 e_1)。如果图 G 中每一条边都赋予一个实数 $W(e)$ 的权重,则这样的图为加权图。图的拓扑结构常用邻接矩阵 $A = (a_{ij})_{N \times N}$ 表示, $a_{ij} = 1$ 表示两个节点之间有连边,反之,则没有连边。复杂网络是一种特殊的网络结构,其间的个体或集体可以视为节点,他们之间的联系视为边。根据图论中对边的赋权和是否是有向图的描述,可以将复杂网络分为4类:无向无权、无向加权、有向无权以及有向加权网络。本章研究的是简单的无向无权网络,对加权有向网络还未进行深入研究。复杂网络具有如下特性:小世界特性、无标度特性以及稳健性和脆弱性。

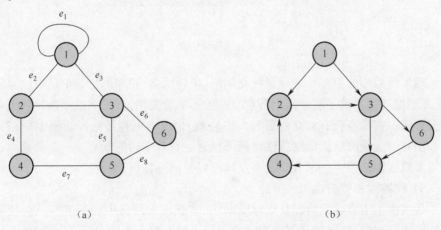

(a)   (b)

图 1.1 无向图和有向图

1）小世界特性

小世界特性又称为六度空间理论或是六度分割理论。1997 年,Strogatz 和 Watts 引入了小世界模型,描述了网络从规则网络到随机网络的转变。该理论表示社交网络中任意两个人间最多间隔了 5 个中间人即网络的平均最短路径长度不超过 6。

2）无标度特性

无标度特性又无尺度特性,现实世界中的大部分网络并非完全随机,而是存在这样一种现象,即网络中某些节点有异常多的连接,而大部分节点的连接则极其有限。这样的网络中的节点的度分布符合幂律分布,即为无标度网络。无标度这一概念始于 1999 年 Science 杂志刊登的 Albert-Laszlo Barabasi 和 Reka Albert 的文章,研究万维网的拓扑结构而发现幂律分布的特性,随后提出了一种经典的网络模型——BA 模型。在统计学中,幂律是一种函数关系,给定一种函数关系 $f(x) = ax^{-k}$,x 表示节点的度,k 为幂律指数,a 为幂律截距。图 1.2 展示了幂律分布示意图。从幂律分布图可以看出网络中大部分节点的度都很小,极少数节点的度大,所以呈现出一条向右偏斜的分布曲线,因而幂律分布又称为长尾分布。

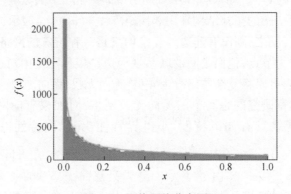

图 1.2　网络幂律分布图

现实世界中的很多领域包括社交网络、生物网络、犯罪网络等都呈现出幂律分布,无标度特性反映了复杂网络节点之间的不平等关系,即异质性。这样的关系可能会导致一些节点拥有较高的影响力和控制力,可以更容易地控制整个网络的行为和演化。复杂网络无标度特性与网络稳健性有着密切的联系。一个恶意攻击者只需要攻击网络很少一部分高度节点就可以使网络瓦解,对网络影响极大。

3）稳健性和脆弱性

现实生活中很多网络都是无标度网络,蓄意攻击网络中的高度节点会使得网络变得十分脆弱,并迅速瓦解。同时由于只有骨干节点失效对网络影响极大,使得随机攻击和故障的稳健性更好,但是若选择性地基于节点度进行攻击,则网络的抗攻击能力就变得很差了,网络中的少数高度节点在很大程度上削弱了网络的稳健性。

1.1.2 复杂网络统计特性

为了方便对复杂网络进行更加准确地描述刻画,网络科学研究者们引入了许多统计特性,本节主要介绍网络的度和度分布、平均最短路径长度、聚类系数和连通度。

1)度和度分布(Degree and Degree Distribution)

度是指网络中一个节点与其他节点的连边数量,在有向网络中,节点分为出度(Out-degree)和入度(In-degree)。入度是指向该节点的边的数量,表示一个个体受欢迎的程度;出度是指向其他节点的连边数,表示一个体的合群性。假设网络 $G=(V,E)$,其中 $V=\{v_1,v_2,\cdots,v_n\}$ 和 $E=\{e_1,e_2,\cdots,e_m\}$ 分别表示节点集合和边集合。记节点 v_i 的度为 k_i 。不同网络规模网络中相同度的节点具有不同的影响力,需要归一化处理。将其节点 v_i 的中心性表示为

$$D(i) = \frac{k_i}{n-1} \tag{1.1}$$

式中: $n-1$ 表示网络中的最大度数。

网络中节点的度分布用 p_k 来表示,其值等于网络中度数为 k 的节点占整个网络总节点数的比例。在规则网络中,网络节点拥有相同的度,其度分布接近于 Delta 分布。对于随机网络,其度分布近似泊松分布。幂律分布表示为

$$p_k \propto k^{-\gamma} \tag{1.2}$$

式中:幂指数 γ 是一个属于[2,3]的随机数,其取值会影响网络的异质性,取值越大则网络中节点的度就越相近。

2)聚类系数(Clustering Coefficient)

在社会网络中会存在这样一种关系,一个朋友的朋友很可能彼此也是朋友,即三元朋友关系。聚集系数用来描述一个节点的邻居之间有多少关系存在于他们之间,可以用来度量网络的稠密程度。假定在给定网络中,一个节点有 k_i 个邻居,在这 k_i 个邻居节点之间最多会出现 $k_i(k_i-1)/2$ 条连边,对于一个节点的聚集系数可以定义为

$$C_i = \frac{E_i}{\frac{1}{2}k_i(k_i-1)} = \frac{2E_i}{k_i(k_i-1)} \tag{1.3}$$

式中: k_i 为节点 v_i 的度; E_i 为这 k_i 个节点之间可能存在的连接数。

当网络由一个个独立节点构成时,网络中所有节点的聚类系数为 0。若网络是一个全连通网络,则所有节点的聚类系数都为 1。

3) 平均路径长度(Average Path Length)

网络中最短路径长度表示的是网络中两个节点之间最短的路径长度。节点之间的最短路径的最大值为网络直径。网络节点 v_i 和节点 v_j 之间的最短距离用 d_{ij} 表示,其倒数可表示两节点之间的效率。越短的最短路径,则表示两节点之间传递消息的效率越高。网络的平均最短路径长度 L 定义为网络中节点之间的距离的平均值,即

$$L = \frac{1}{\frac{1}{2}N(N-1)} \sum_{i,j \in V} d_{ij} \qquad (1.4)$$

式中:N 为网络中节点总数。

平均路径长度实际上描述了网络节点间的分离程度。大量研究表明,真实世界的大规模网络一般具有较短的平均最短路径长度。

4) 连通度(Connectivity)

在无向图中,若节点 v_i 与节点 v_j 之间有边相连,则称节点 v_i 与节点 v_j 是连通的。若图中任意两个节点都连通,则称这样的图为连通图。在图论中,用连通度来表示图的连通程度,定义连通图 G 的点连通度为

$$\kappa(G) = \min_{S \subset V} \{ |S|, \omega(G-S) \geq 2 \} \qquad (1.5)$$

式中:S 为节点 V 的真子集;$|S|$ 为集合 S 中节点个数;$\omega(G-S)$ 为从图中移除节点集 S 后得到的子图的连通分量数目。点连通度表示的是使图 G 变成平凡图所需要删除的最少节点数量。

1.1.3 拓扑结构属性

1) 社团结构(Community Structure)

网络一般是由一些紧密相连的节点所组成的,如图1.3所示,根据网络不同节点间连接紧密程度,可以将网络看作由不同簇组成,簇内节点间联系紧密,不同簇间连接松散。这样的簇就是网络中的社团结构。

社团检测又称社区发现,是网络聚类的一种方法。近年来,分析复杂网络的社区结构引发了网络科学研究者的广泛关注,提出许多社区发现算法。复杂网络存在于生活中的各个领域,社区发现算法也就日趋重要了。

2) 模块度(Modularity)

模块度是社区检测算法的一种常用指标,该指标最早由 Newman 提出,如果模块度越大则相应社区划分效果越好,相反,若模块度越小,则社区划分效果越差。模块度的计算公式为

$$Q = \frac{1}{2m} \sum_{i,j} \left[\boldsymbol{A}_{ij} - \frac{k_i k_j}{2m} \right] \delta(u,v) \qquad (1.6)$$

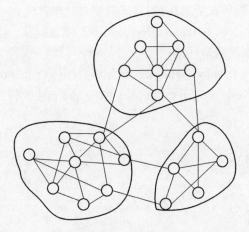

图 1.3　社团结构

$$\delta(u,v)=\begin{cases}1 & (u=v)\\ 0 & (u\neq v)\end{cases} \qquad (1.7)$$

式中：A 为网络对应的邻接矩阵，$A_{ij}=1$ 表示 v_i 和 v_j 之间存在边；$\delta(u,v)=1$ 表示两节点存在同一社区，反之则不在同一社区。

模块度出现极大地促进了网络科学中社区检测领域的发展，使得很多以模块度为优化的目标函数的算法都得到了不错的社区检测结果。

3）巨片（Giant Connected Component）

网络连通性是一个相对模糊的概念，只要网络中存在节点不与其他节点产生连接的情况，则这个网络就被认定为是非连通的。网络科学研究者们一般使用网络中极大连通子图的规模来表示网络整体连通情况。大量研究和实验表明，现实世界中的大规模复杂网络都不是完全连通的，其中有一些节点在网络中拥有比其他节点更多的连接。这些节点通常称为"网络中心"或"中心节点"，而与之相连的其他节点则称为"周围节点"。这样形成的网络拓扑结构称为网络巨片，并且这种巨片几乎是唯一的。网络巨片常常呈现出一种类似于"星形"的结构，其中一个或多个中心节点连接着大量的周围节点。这些中心节点通常是连接整个网络的关键节点，也是网络中信息传递、数据交换等关键任务的主要执行者。

1.2　复杂网络模型

1.2.1　规则网络

一般将一维链、二维正方晶格等称为规则网络。规则网络是指平移对称性晶格,任何一个格点的近邻数目都相同,且所有格点只于其近邻相关。当然这只是一个习惯用法,不是下定义,如 Carley Tree 显然不是随机网络,但是也没有规定说它属于规则网络。规则网络是网络模型中最简单的网络。3 种常见的规则网络:全局耦合网络(Globally Coupled Network)、星形耦合网络(Star Coupled Network)和最近邻耦合网络(Nearest-neighbor Coupled Network),这 3 种网络的简单模型如图 1.4 所示。

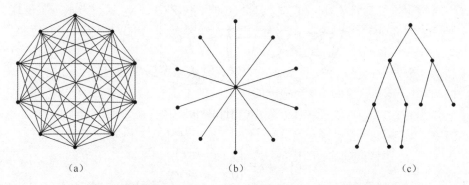

(a)　　　　　　　　　　(b)　　　　　　　　　　(c)

图 1.4　规则网络:全局耦合网络、星形耦合网络、最近邻耦合网络

1.2.2　随机网络

随机网络是另一个极端,由 N 个顶点构成的图中,可以存在 C_N^2 条边,从中随机连接 M 条边所构成的网络就称为随机网络。还有一种生成随机网络的方法是,给一个概率 P ,对于 C_N^2 中任何一个可能连接,都尝试一遍以概率 P 的连接。如果选 $M = pC_N^2$,这两种随机网络模型就可以联系起来。对于如此简单的随机网络模型,其几何性质的研究却不是同样的简单。随机网络几何性质的研究是由 Paul Erdös、Alfréd Rényi 和 Béla Bollobás 在 20 世纪 50 年代到 60 年代之间完成的。

对比分析如下。

规则网络与随机网络的典型几何性质包括:度分布,平均集聚程度和平均最短距离。规则网络所有顶点都相同,因此其度值相同,度分布为 $\delta(k - k_0)$,其平均集聚程度也只要在一个点计算 $C = \langle C_V \rangle = C_V$,其最短距离也可以只从某一个顶点开始计算从它到所有其他顶点之间的距离之和 $L \sim N^2$,然后计算其平均值 $d = \dfrac{L \times N}{2 \times C_N^2} \sim N$ 。对于随机网络 $G(N,p)$,其包含了从空图到完全图的所有可能情况。因此,随机图的几何性质需要对每一种可能图做平均,例如计算每一种可能图的最短距离,然后按照各自出现的概率做平均。研究结果表明随机网络顶点的度值符合平均值为 pN 的泊松分布,其集聚程度约等于 p ,最短距离 $d \sim \ln(N)$ 。对比规则网络与随

6

机网络,可以发现平均集聚程度与平均最短距离这两个静态几何量能够很好地反映规则网络与随机网络的性质及其差异。规则网络的特征是平均集聚程度高而平均最短距离长,随机网络的特征是平均集聚程度低而平均最短距离小。规则网络的平均最短距离 $d \sim N$,而其集聚程度依赖于近邻数目 k_0 ,而在随机网络中,平均集聚程度非常的小。规则网络和随机网络示例图如图 1.5 所示。

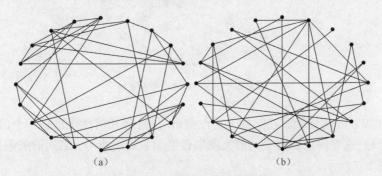

（a）   （b）

图 1.5　规则网络和随机网络

然而,正是由于其集聚程度非常小,导致了其平均最短距离小。考察一个顶点 u 的近邻,假设其近邻数为 a ,那么在 a 个近邻的近邻之中相互重复的个数非常少,所以从 u 出发经过两次近邻关系可以找到正比于 a^2 的新顶点,最多经过 $\log_a N$ 个近邻关系,就可以穷尽整个网络。所以,其最短距离满足 $d \sim \ln N$ 。可见,对于规则网络,也正是由于其集聚程度高,重复率很大,所以平均最短距离大。如此看来好像这是一对相互矛盾的几何量。

那么,是否存在一个同时具有高集聚程度,小最短路径的网络呢?对于传染病模型,平均集聚程度对应于传播的广度,平均最短距离代表的是传播的深度。因此,如果实际网络同时存在宽的广度和大的深度的话,在这样的网络上的传染病传播显然将大大高于规则网络与随机网络。

1.2.3　小世界网络

Watt 和 Strogatz 找到了这样的网络模型——Small World 网络。Watt 和 Strogatz 发现只需要在规则网络上稍作随机改动就可以同时具备以上两个性质。改动的方法是,对于规则网络的每一个顶点的所有边,以概率 p 开一个端点,并重新连接,连接的新的端点从网络中的其他顶点里随机选择,如果所选的顶点已经与此顶点相连,则再随机选择别的顶点来重连。

应用分析如下。

当 $p = 0$ 时就是规则网络, $p = 1$ 则为随机网络,对于 $0 < p < 1$ 的情况,存在一个很大的 p 的区域,同时拥有较大的集聚程度和较小的最小距离。Small World 网

络的示例图如图 1.6 所示。

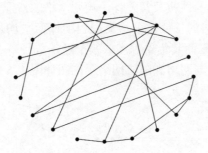

图 1.6 Small World 网络模型

　　Small World 网络除了在结构上特点突出之外,其几何性质也是一个值得探讨的重要部分,这里简单描绘了其最大聚集程度和最短距离与 p 之间的关系,其几何性质如图 1.7 所示。

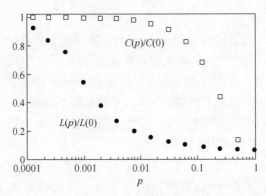

图 1.7 Small World 网络的几何性质

　　从图 1.7 中可以得知,同时拥有大集聚程度和最短距离是 Small World 网络的重要几何特征,而且此性质在 p 略大于 0 到小于 1 的很大范围内存在。在 Watts 和 Strogatz 的工作之后,不同的学者做了许多 Small World 网络上的动力学模型的研究,体现了平均集聚程度和平均最短距离的深刻的表现能力。

1.2.4　无标度网络

　　在 Small World 网络的研究兴起之后,越来越多的科学家投入到复杂网络的研究中去。大家发现其实更多的其他几何量的特征也具有很大程度上的普适性和特定的结构功能关系。无标度(Scale Free)网络就是其中的一个重要方面。Scale Free 网络指的是网络的度分布服从幂率分布(Power-law Distribution),由于其缺乏一个描述问题的特征尺度而被称为无标度网络。Scale Free 网络结构简单模型如图 1.8 所示。

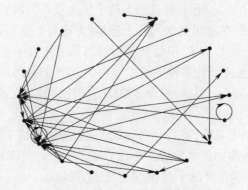

图 1.8　Scale Free 网络模型

应用分析如下。

现在来看看 Scale Free 网络的形成机制。目前对于无向 Scale Free 网络,普遍认为偏好依附(Preferential Attachment)是一个很好地形成 Scale Free 网络的机制。具体模型如下,取初始 m_0 个顶点任意连接或完全连接,每一步在原网络 $G(t-1)$ 的基础上加上一个新的顶点,同时加上从此顶点出发的 m 条边,形成新的网络 $G(t)$。其中新加边的另一个端点按照正比于顶点度数的分布:

$$\pi_u = \frac{d_u}{\sum_{v \in V} d_v} \tag{1.8}$$

当重复以上新加点的过程足够多步后,其所形成的网络的各顶点的度均服从幂率分布 $P(k) \propto \dfrac{1}{k^\gamma}$。有的学者发展了 Barabási 和 Albert 的原始偏好依附模型,使得幂指数可以用模型参数来调整。在偏好依附模型中,顶点 v 的度值 k_v 可以认为是其吸引力的度量。那么,随着时间的推移,除去少数精品之外,大多数的顶点的吸引力会随着时间减弱。一个考虑了顶点历史的模型可以改变幂指数 γ。更多的可调参数模型甚至是破坏幂率分布的模型可以通过考虑更一般的网络演化过程得到。

另外一个要改动偏好依附模型的要求是偏好依附模型并不能复现所有的认为是 Scale Free 网络的静态特征。对于大多数实际 Scale Free 网络所展现的 Small World 现象,模型给出了较好的结果,但是模型的度相关性为零,这与实际网络中存在的匹配模式不相符合。更多的关于其他几何量的实际与模型的对比,以及在对比基础上对模型的修改工作还有很多值得做的地方。

作为一个一般的网络演化的框架有哪些现象是可以进入模型来考虑的呢？一个一般的网络演化包含五种现象：加点、加边、重连、去边、去点。加点就是 t 时刻在图 $G(t-1)$ 上加上新的顶点，并且加上若干从此顶点出发的边；加边指的是 t 时刻在 $G(t-1)$ 原有顶点之间新加入若干连接；去边与去点则是以上过程的逆；而先去边后加边合起来就是重连，但是只有当加边和去边发生在同一顶点上的时候才刚好是重连，所以鉴于重连事件的概率有可能远大于去边和加边发生概率之乘积，所以把重连独立出来。目前，绝大多数网络演化模型都在这五种事件的范围内讨论。

在这样一个框架下来看，我们看到偏好依附模型只考虑了加点的行为，只是对于加点以后建立的从新加点出发的连接做了偏好性假定。从 Barabási 和 Albert 提出此模型以后，许多学者讨论了此模型的变例。Dorogovtsev、Mendes 和 Samukhin 的模型讨论了新加点加入之后，m 条新加边可以不从此点出发的模型，维持偏好性不变。模型还区分了 in 和 out 边，并且基于 in 度提出了吸引力的概念，认为顶点 v 的吸引力就是 $A_v = A + k_v^{\text{in}}$。此模型也能呈现幂率的度分布，并且幂指数可调 $\gamma = 2 + A/m$。其实我们可以看到，实际上此模型相当于考虑了加点和加边两件事情，只是由新加点引起的边不是一个确定数，内部原有点之间的新加边也不是确定数，但是仍然都维持偏好性。当我们只考虑 in 度分布的时候，可以忽略新加边 out 端点的选择而只考虑 in 端点的偏好性。

有两个实验可以探讨加点和偏好性在模型中的不同地位。第一个实验是只考虑加点，但是从新点出发的边的端点的选择不满足偏好性，而是随机选取。模型给出了指数衰减的分布，另外一个实验是只考虑加边。从一个非常稀疏的 N 个顶点 M 条边的随机网络开始，每一步就是随机选一个顶点，然后按照偏好性选择另一个顶点，如果不存在已连接的边，则连之。或者是同时考虑活性偏好与连接偏好，即第一端点的选择和第二端点的选择都按照偏好依附的形式。当然，随着重复的次数增加，模型将趋向于完全网络，所以这样的模型的稳态显然不是幂率分布的。但是，是否存在着一个演化区间，在此范围内，网络呈现幂率分布呢？我们知道如果两个端点都随机选择就是随机网络模型，顶点的度服从泊松分布，那么按照偏好方式选择的随机网络模型呢？如果在一定时间段出现了幂率分布的话，那说明偏好性是其决定性因素。引入新加点只是使得网络取得某种平衡，不至于发展为完全网络而已。Barabási 等研究了这样一个模型，发现在演化的初期确实存在幂律形式的度值分布，但随着时间的演化逐渐过渡到高斯分布。这说明偏好依附是 Scale Free 网络的核心机制，但是新加点也不可或缺。

Albert 和 Barabási 的第二个关于 Scale Free 网络的机制模型考虑了加点、加边、重连 3 种事件。每一时刻这 3 个操作分别以某一概率 $(1-p-q, p, q)$ 发生，任何一种事件发生都遵循偏好性。理论分析与模拟的结果表明幂率分布与指数分布都可以在网络中出现,取决于 p 和 q 的值。$q < q_{max}$ 为幂率形式的度分布,否则为指数形式。当然,这样的结果肯定是不完全的,因为当 $p \gg 0.5$ 的时候,加边占统治地位,必然使网络趋向于完全图。所以关于 p 也存在某一个域值。

无向网络模型的一个比较全面的探索是由 Cooper 和 Frieze 完成的,他们考虑了加边和加点两件事情,并且探讨了有无偏好性对模型的影响。其演化过程如下:在任意时刻 t,以 α 的概率加边发生在图 $G(t-1)$ 的原顶点之间,以 $1-\alpha$ 的概率加入新顶点。如果加入新顶点,则按照某一分布 p_i 产生一个随机数 i 表示从此顶点出发的边数,然后以 β 的概率在原顶点中随机选择另一个端点,以 $1-\beta$ 的概率按照偏好性选择另一端点。如果是在原顶点中加边,首先按照某一分布 q_i 产生一个随机数 i 表示新加的边数;然后,以 δ 的概率在原顶点中均匀选择第一端点,以 $1-\delta$ 的概率按照偏好性选择第一端点;最后以 γ 的概率在原顶点中均匀选择第二端点,以 $1-\gamma$ 的概率按照偏好性选择第二端点。

再用这个框架去看引入顶点年龄历史的模型,我们发现可以认为考虑活性与年龄的关系相当于在一定程度上考虑去点或去边的行为。最后,一个关键性机制突出又能最大程度上复现相关几何性质,包含一般的网络演化五种现象的机制模型,将是无向 Scale Free 网络模型的最终目标。除了以偏好依附为基础的这一大类模型之外,还存在一类特殊的确定性 Scale Free 网络——等级结构网络,见 Barabási 等人的文章。对于实证研究而言,有一个静态统计量能够很好地区分这两类模型——顶点集聚程度的分布规律 $p(c_v)$。

从有向网络的角度来看,无向网络的偏好依附模型可以认为是只存在 in 度幂率分布,out 度为 $\delta(d^{out} - m)$ 分布或某种平庸随机分布的演化模型。既然实证研究表明了双向幂率网络的普遍性,那么机制模型的研究工作就需要对此做出回答。对于双向幂率分布模型,如果在单向幂率分布模型的基础上把所有的单向边都换成双向边,那自然就有了双向幂率分布。所以双向比-双向边占所有边的比例对于有向网络来说是一个重要静态几何量。

还有一种实现双向幂率模型的方式是独立地构造 in 边和 out 边的机制,例如类比于按照偏好性而建立的 in 边的反馈机制,我们也可建立 out 边的反馈机制。基于以上想法,Tadic 建立了以下模型。从 m_0 顶点 M 边的随机网络开始,在 t 时刻,以 α 的概率加入一个新的顶点,并带来从此顶点出发的 m 条边,以 $1-\alpha$ 的概率从原有网络的顶点内产生 m 条边。从新加顶点出发的边的终点按照偏好性选择,即

$$\pi^{in}(u) = \frac{\Lambda^{in} + k_u^{in}}{\sum_{v \in V}(A^{in} + k_v^{in})} \tag{1.9}$$

而从原有顶点出发的边按照 out 度的偏好性选择起点,即

$$\pi^{\text{out}}(u) = \frac{A^{\text{out}} + k_u^{\text{out}}}{\sum_{v \in V}(A^{\text{out}} + k_v^{\text{out}})} \qquad (1.10)$$

然后再按照 $\pi^{\text{in}}(u)$ 来选择其终点。当然这样的模型肯定会展现双向幂率分布。

还有一个因素也可以在单向幂率的基础上产生双向幂率——in 度与 out 度的高度相关性。考察每一个顶点的 $(d^{\text{in}}, d^{\text{out}})$ 之间的相关性,如果存在高度正相关说明,对外联系活跃(out)的顶点也常常是获得外界联系多(in)的顶点。于是,自然也可以得到双向幂率分布。

那么真实有向网络的双向幂率结构是否能够由以上这些因素来解释呢?这有待于实证分析来回答,尤其是关于度相关性的实证分析及其与理论模型的对比在这一点的判定上就有重要价值。如果以上因素都不能够代表实际网络双向幂率结构的形成机制的话,那么研究者就不得不面对一个包含混合反馈机制的有向网络模型了。比如,in 边可以同时受 in 度和 out 度的反馈来影响,out 边也是如此。

参 考 文 献

[1] Zhu L, Liu W, Zhang Z. Interplay between epidemic and information spreading on multiplex networks[J]. Mathematics and Computers in Simulation, 2021, 188:268-279.

[2] Liu X, Wu S, Liu C, et al. Social network node influence maximization method combined with degree discount and local node optimization[J]. Social Network Analysis and Mining, 2021, 11:1-18.

[3] Askarizadeh M, Ladani B T. Soft rumor control in social networks: Modeling and analysis[J]. Engineering Applications of Artificial Intelligence, 2021, 100:104-128.

[4] Shokeen J, Rana C. A study on features of social recommender systems[J]. Artificial Intelligence Review, 2020, 53:965-988.

[5] Liu Y, Lai C H. The alterations of degree centrality in the frontal lobe of patients with panic disorder[J]. International Journal of Medical Sciences, 2022, 19(1):105-111.

[6] Pandey P K, Arya A, Saxena A. X-distribution: retraceable power-law exponent of complex networks[J]. ACM Transactions on Knowledge Discovery from Data, 2024, 18(5):1-12.

[7] Li Z, Ma W, Ma N. Partial topology identification of tempered fractional - order complex networks via synchronization method[J]. Mathematical Methods in the Applied Sciences, 2023, 46(3):3066-3079.

[8] Voigtlaender F. The universal approximation theorem for complex-valued neural networks[J]. Applied and Computational Harmonic Analysis, 2023, 64:33-61.

第 2 章　基于网络结构的复杂网络影响力节点识别方法

在复杂网络中识别最有影响力的传播者可以分为两大类,第一类为识别单个节点,这相当于是对网络中的节点进行排序;第二类为识别一组最有影响力的节点,这就相当于复杂网络中的影响力最大化问题。事实上,搜寻一组给定大小的最优的节点集比识别单个传播源更为复杂,这是因为一组传播者之间的传播影响范围彼此可能会产生重叠。许多经典的中心性如 K-shell、H-index、Degree 等方法都是较为粗粒度的方法,倘若简单地选择这些中心性的 top-k 节点,将不会有效地导致大的传播影响范围。针对上述现象,本章提出一种新的基于网络结构和 TOPSIS 算法的混合方法。首先使用 K-shell 或者社区检测用来分层网络。然后在每一层级中,用次级评分及局部相似性指标计算 TOPSIS 综合评分,每轮选择评分最高的节点,通过这一步,将有效地区分同一层级中的节点。其中,VoteRank 分数、H-index 指标等已有的中心性可以作为次级评分。在 Jazz 等 9 个真实网络上的实验结果表明,提出方法在有效性上可以得到竞争性的结果。

2.1　相关研究工作

2.1.1　社区划分

通常认为社区是一组相互联系紧密的节点,关注内容相似或拥有相同兴趣爱好的用户。社区内部所有节点紧密聚集,而不同社区之间只是稀疏松散。研究网络中的社区结构检测问题,对于发现社交网络中的群组结构、理解网络群组结构对信息传播的影响、识别复杂网络中的关键节点等都具有重要意义。考虑现实世界网络特性,通过合理地利用社区结构,可以使算法复杂度大大减少。

近十年大量杰出的社区发现算法如 FPMQA、BiLPA、CommunityGAN、SEAL 等被提出,但 Newman 算法和 Louvain 毋庸置疑仍是被广泛利用的社区检测算法。在本章中,选择 Louvain 算法对网络进行聚类,该算法是基于模块度的社区发现算法,其优化目标是最大化整个社区网络的模块度。网络模块度定义为

$$Q = \frac{1}{2m} \sum_{i,j} \left[A_{ij} - \frac{k_i k_j}{2m} \right] \delta(c_i, c_j)$$

$$= \frac{1}{2m} \left[\sum_{i,j} \boldsymbol{A}_{ij} - \frac{\sum_i k_i \sum_j k_j}{2m} \right] \delta(c_i, c_j) \tag{2.1}$$

$$\delta(c_i, c_j) = \begin{cases} 0(c_i, c_j 属于同一社区) \\ 1(c_i, c_j 不属于同一社区) \end{cases} \tag{2.2}$$

式(2.1)中:$\boldsymbol{A}$ 为网络邻接矩阵,代表了节点之间边的权重,网络不是带权图时,所有边的权重视为 1;$k_i = \sum_j \boldsymbol{A}_{ij}$ 为所有与节点 i 相连的边的权重之和;$m = \frac{1}{2} \sum_{ij} \boldsymbol{A}_{ij}$ 为所有边的权重之和。

Louvain 算法主要包括模块优化和社区聚合两个阶段。前一阶段主要是计算每个节点划分到每个相邻社区的模块度增量,将其移动到模块度最大的相邻社区;后一阶段主要是将划分出来的社区合并,再根据上一步的社区结构重新构造网络。阶段一需要计算模块度增益,其计算公式为

$$\Delta Q = \left[\frac{\sum_{in} + k_{i,in}}{2m} - \left(\sum_{tot} + k_i \right)^2 \right] - \left[\frac{\sum_{in}}{2m} - \left(\frac{\sum_{tot}}{2m} \right)^2 - \left(\frac{k_i}{2m} \right)^2 \right] \tag{2.3}$$

式(2.3)可以简化为

$$\Delta Q = \frac{k_{i,in}}{2m} - \frac{\sum_{tot} k_i}{2m^2} \tag{2.4}$$

式中:$\sum_{in}$ 为社区 C 内部所有边的权值之和;$k_{i,in}$ 为从节点 i 指向社区 C 的边的权值之和;$\sum_{tot}$ 为指向社区 C 中节点的边的权值和。

Louvain 算法可以获得网络更加自然的社区,并且也是相当快速的算法,因此利用该算法对网络进行社区划分来加速所提出的算法。

2.1.2 优劣解距离法

逼近理想解排序算法(TOPSIS)于 1981 年被 Hwang & Yoon 等首次提出,国内常称优劣解距离法。它基于欧几里得距离和最大值、最小值规范化方法,将多个属性的决策方案变成一个数值矩阵,根据向量距离的近似度来分析决策方案的好坏,从而得到各个决策方案的排名。其基本过程为:确定评估决策方案,对所有指标进行归一化处理,确定正向和反向指标,基于归一化后的数据矩阵,找出所有方案的正理想解和负理想解,根据欧几里得距离计算分别各评价对象与正理想解和负理想解之间的距离,得到一个综合评分,对结果进行排序,得到各个决策方案的排名。TOPSIS 中的 n 个评价指标可以构造出一个 n 维空间,每个待评价对象依照其各项指标的数据对应 n 维空间中一个坐标点。图 2.1 给出了两个评价指标下的二维空

间,星形表示正理想解,三角形表示负理想解,圆形表示不同的评价对象。对每个评价对象分别求出其对应坐标点到正理想解和负理想解对应的坐标点的距离。

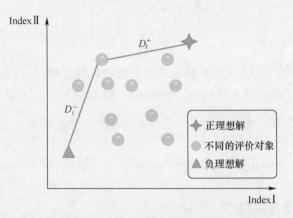

图 2.1　TOPSIS 方法中两个评价指标的二维空间

TOPSIS 方法使用距离尺度来度量样本,需要对指标属性进行正向化处理。指标通常分为 4 类:

(1) 极大型指标,又称效益型指标,如成绩、企业利润等,该类指标越大越好;

(2) 极小型指标,又称成本型指标,如费用,污染程度等,该类指标越小越好;

(3) 中间型指标,这类指标越接近某一个值越好;

(4) 区间型指标,落在某一个区间最好。

假设有 n 个要评价的对象和 m 个已经被正向化的评价指标,则构造正向化矩阵如下:

$$X = \begin{bmatrix} x_{11} & x_{12} & \cdots & x_{1m} \\ x_{21} & x_{22} & \cdots & x_{2m} \\ \vdots & \vdots & \ddots & \vdots \\ x_{n1} & x_{n2} & \cdots & x_{nm} \end{bmatrix} \tag{2.5}$$

为消除不同量纲,正向化的矩阵需要进行标准化,对每个元素进行标准化后得到标准化矩阵 Z。标准化公式定义和标准化的矩阵 Z 分别表示如下:

$$Z_{ij} = \frac{x_{ij}}{\sqrt{\sum_{i=1}^{n} x_{ij}^2}} \tag{2.6}$$

$$\mathbf{Z} = \begin{bmatrix} z_{11} & z_{12} & \cdots & z_{1m} \\ z_{21} & z_{22} & \cdots & z_{2m} \\ \vdots & \vdots & & \vdots \\ z_{n1} & z_{n2} & \cdots & z_{nm} \end{bmatrix} \tag{2.7}$$

得到了标准化矩阵后,需要确定正理想解和负理想解,正理想解 $\mathbf{Z}^+$ 由标准化矩阵 $\mathbf{Z}$ 中每列元素的最大值组成。负理想解 $\mathbf{Z}^-$ 由每列元素的最小值构成。$\mathbf{Z}^+$ 和 $\mathbf{Z}^-$ 表示为

$$\mathbf{Z}^+ = (\mathbf{Z}_1^+, \mathbf{Z}_2^+, \cdots, \mathbf{Z}_m^+)$$
$$= (\max\{z_{11}, z_{21}, \cdots, z_{n1}\}, \max\{z_{12}, z_{22}, \cdots, z_{n2}\}, \cdots, \max\{z_{1m}, z_{2m}, \cdots, z_{nm}\}) \tag{2.8}$$

$$\mathbf{Z}^- = (\mathbf{Z}_1^-, \mathbf{Z}_2^-, \cdots, \mathbf{Z}_m^-)$$
$$= (\min\{z_{11}, z_{21}, \cdots, z_{n1}\}, \min\{z_{12}, z_{22}, \cdots, z_{n2}\}, \cdots, \min\{z_{1m}, z_{2m}, \cdots, z_{nm}\}) \tag{2.9}$$

当最优方案和最劣方案被定义,就可以计算每个评价对象的综合得分,对于第 i 个评价对象,分别用 D_i^+ 和 D_i^- 表示该对象与正理想解和负理想解的距离,那么,第 i 个评价对象的综合得分 S_i 为

$$S_i = \frac{D_i^-}{D_i^+ + D_i^-} \quad (0 \leqslant S_i \leqslant 1) \tag{2.10}$$

其中

$$D_i^+ = \sqrt{\sum_{j=1}^{m} w_j (Z_j^+ - z_{ij})^2} \tag{2.11}$$

$$D_i^- = \sqrt{\sum_{j=1}^{m} w_j (Z_j^- - z_{ij})^2} \quad (w_j \text{ 为第 } j \text{ 个属性的权重}) \tag{2.12}$$

很明显, S_i 越大, D_i^- 越小,即越接近最大值。TOPSIS 方法不受数据分布和样本量的限制,因此可以轻松实现复杂的数据处理。

2.2 基于网络结构和 TOPSIS 的影响力节点识别框架

本节基于网络分层和多标准决策技术构建两种影响力节点识别框架,首先针对种子节点影响范围重叠的问题,利用多标准决策技术设计邻域覆盖策略来减轻影响力重叠,接着分别基于 K-shell 分解和社区划分设计两种影响力节点算法识别变体。

2.2.1 邻域覆盖策略

为了减轻节点影响范围的重叠,将节点间的相似性指标作为成本指标。很显然,相似性应该是越小越好。若节点 v 的邻居节点在已经被选择的种子节点内,这种情况下,节点的影响范围造成了直接大范围的重叠,定义这种相似性为节点与种子节点集的直接相似性(DS),其计算公式为

$$DS_v = \sum_{u \in N(v)} s_u \frac{1}{2} \tag{2.13}$$

式中: $s_u = 1$ 为节点 u 在种子节点集中; $s_u = 0$ 为节点 u 不在种子节点集中。

如果节点 v 的邻居节点和种子节点集中节点的邻居节点存在一定的交集,即出现了共享邻居节点。在这种情况下也会使节点之间传播影响范围出现一定程度的重叠。因此,定义节点与种子节点集之间的间接相似性为

$$IDS_v = \sum_{u \in S} s_u \frac{|N(u) \cap N(v)|}{\sqrt{k_u k_v}} \tag{2.14}$$

式中: S 为选择的种子节点集, k_u 和 k_v 为节点 u 和节点 v 的度。

直接相似性和间接相似性一起决定了节点与种子节点集之间的相似性。节点之间的相似性越低,则表明节点之间的重叠程度越小。将 DS 与 IDS 共同作为成本型指标来计算节点的综合得分,这两类成本型指标完成了邻域覆盖的目的。

基于这3种评价指标,构建了基于 TOPSIS 方法的影响力最大化模型(TOPSIS-IM),首先,所有的评价指标需要被正向化,利用网络最大的度将 DS 和 IDS 做如下的同向化,即

$$DS_v^* = k_{\max} - \sum_{u \in N(v)} s_u \tag{2.15}$$

$$IDS_v^* = k_{\max} - \sum_{u \in S} s_u \frac{|N(u) \cap N(v)|}{\sqrt{k_u k_v}} \tag{2.16}$$

然后,利用效益型指标中心性和成本型指标 DS^* 和 IDS^* 构建正向化矩阵 $\boldsymbol{X}$,并用式(3.6)对 X 标准化,建立标准化矩阵 $\boldsymbol{Z}$ 。

$$X = \begin{bmatrix} C_{11} DS_{12}^* IDS_{13}^* \\ C_{21} DS_{22}^* IDS_{23}^* \\ \vdots \quad \vdots \quad \vdots \\ C_{n1} DS_{n2}^* IDS_{n3}^* \end{bmatrix} \tag{2.17}$$

$$Z = \begin{bmatrix} C_{11}{'} & DS_{12}^{*}{'} & IDS_{13}^{*}{'} \\ C_{12}{'} & DS_{22}^{*}{'} & IDS_{23}^{*}{'} \\ \vdots & \vdots & \vdots \\ C_{n2}{'} & DS_{n2}^{*}{'} & IDS_{n3}^{*}{'} \end{bmatrix} \qquad (2.18)$$

式中：C 为已存在的中心性如 Degree、H-index 等。

受扩展邻域核数的启发，我们提出了扩展的邻域 H-index(NH-index)作为效益型指标，其扩展的邻域 H-index 定义为

$$H_v = \sum_{w \in N(v)} h_w \qquad (2.19)$$

式中：h_w 为节点 w 的 H-index。

当标准化矩阵 Z 被求出之后，用式(2.8)和式(2.9)分别定义正理想解 Z^+ 和负理想解 Z^-，紧接着利用式(2.10)~式(2.12)计算出每个节点的综合评分。传播影响力这一效益型指标应该比相似性更重要，为了方便，本章中在保证效益型指标占比大的情况下，设置权重 $w = [0.5,0.3,0.2]$。根据综合评分对每个壳层中的节点进行排序，按给定比例选取综合评分最高的节点。综合评分越高的节点也就说明该节点具有较高的影响力，并且与邻居节点或种子节点越不相似，这也就巧妙地完成了对已选种子节点的邻域覆盖，减轻影响力范围的重叠。其邻域覆盖策略 TOPSIS-IM 伪代码如算法 2.1 所示。

算法 2.1：TOPSIS-IM 算法

Input：$G < V,E >$，一个 TOPSIS 矩阵 X，一个包含外壳层中所有节点的节点列表 L，一个 int 值 last_seed，// G 是一个无向无权图，last_seed 记录了最后一个加入到种子节点集 S 中的节点

输出：节点列表 L 中 TOPSIS 得分最高的节点 u

1：//初始化

2：　　$X = X \backslash \{last\_seed\}$　　//将 last_seed 从矩阵 X 中移除

3：　**For _ reach** $v \in N(last\_seed)$ **do**

4：　　将矩阵 X 中 DS_v 的值更新为 $DS_v = DS_v - 1$

5：　　**For each** $w \in N(v)$ **do**

6：　　　将矩阵 X 中 IDS_w 的值更新为 $IDS_w = IDS_w - \sum_{u \in S} \dfrac{|N(u) \cap N(w)|}{\sqrt{k_u k_w}}$

7：　　**End for**

8：　**End for**

9：　　$A \leftarrow$ 过滤下标为 L 的项

10：$u =$ 用 TOPSIS(A)求最优解

11：Return u

算法 2.1 描述了在层次结构网络的每一层中选择最有影响力节点的过程,是一个局部搜索和邻域覆盖策略。算法的第一行首先从 TOPSIS 矩阵 X 中移除已经加入到种子节点集 S 的节点 last_seed,接着第 $3 \sim 8$ 行对 DS^* 和 IDS^* 进行更新。第 9 行筛选出在具体某一层级中的节点。最后第 10 行通过 TOPSIS 方法选择出在这一层级中综合评分最高的节点。

2.2.2 基于 K-shell 和邻域覆盖的影响力节点识别框架

本小节将会介绍提出的新的影响力节点识别方法——基于 K-shell 和邻域覆盖的影响节点识别方法,称为 K-TOPSIS。该方法由两部分组成:第一,每个网络可以被看作层级结构,利用 K-shell 分解将网络划分为从内层到外围层次递减的结构;第二,根据节点的传播影响力,节点之间的相似性或是覆盖值构建多标准决策问题。利用 TOPSIS 方法计算每一个节点的综合得分,同时依次从内层到外层选择综合得分最高的节点。节点的传播影响力可以根据已有的具有中心性值的中心性方法获得。依据所在不同的层次级别分配合适的种子节点选择比例。图 2.2 提供了 K-TOPSIS 的整体框架。

图 2.2(a) 表示一个玩具网络,在图 2.2(b) 中,利用 K-shell 分解将网络划分为 3 个壳层的网络,其层级从内层到外层层级递减。在每一层级中,根据 3 个评价指标,利用 TOPSIS 方法计算每个节点的综合得分,然后根据综合得分进行排序,每次选择壳层内排名最高的节点。其中,PIS 表示正理想解,NIS 表示负理想解(图 2.2(c))。最后根据预先设定的种子节点个数,按比例在每个层次中选择出种子节点。图 2.2(d) 中红色节点即最终选择的种子节点。在每个壳层的选择中,每

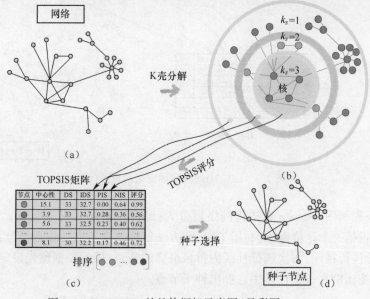

图 2.2 K-TOPSIS 的整体框架示意图(见彩图)

个节点都被作为评价对象,K-TOPSIS 的目的就是选取评价对象到正理想解距离最近并且到负理想解最远的节点作为种子节点。选取如 VoteRank、H-index 等已有的中心性作为效益型指标,这就是将位于网络核心位置且影响力最大的节点视为最重要的节点。若 K-shell 为 K-TOPSIS 算法的主要评分,那么效益型指标可以看作为 K-TOPSIS 算法的次级评分,成本型指标用来间接地对种子节点邻域进行覆盖。

2.2.3 基于社区和邻域覆盖的影响力节点识别框架

在 2.2.2 小节中,使用了 K-shell 对网络进行分层,考虑的是网络中心位置的节点更为重要,本节中将使用社区划分来分层网络,在独立的社区中选择种子节点,提出了基于社区和邻域覆盖的影响力节点识别方法,称为 CM-TOPSIS,该方法整体框架与 K-TOPSIS 类似,只是将网络分层的方法替换为 Louvain 方法,其整体框架图如图 2.3 所示。

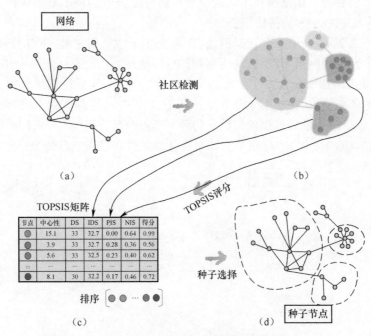

图 2.3 CM-TOPSIS 整体框架示意图(见彩图)

首先利用 Louvain 算法将网络划分为社区结构,缩小搜索空间。在每一个社区中,根据 3 个评价指标,利用 TOPSIS 方法计算每个节点的综合得分;然后根据综合得分进行排序,每次选择社区内排名最高的节点;最后根据预先设定的种子节点个数,按比例在每个社区中选择出种子节点。

2.3 实验设置

2.3.1 数据集

为了证明所提出的方法的性能优越性,本章中使用了 9 个不同类型和大小的真实网络数据集。大部分的数据集来自一个由斯坦福大学的学院和学生汇编的社交图数据库 SNAP 和一个交互式科学图形数据存储库-网络数据存储库,具体如下:

(1) Jazz:该数据集录制了 1912 年至 1940 年间演出的爵士乐队;

(2) CEnew:CEnew 数据集是秀丽隐杆线虫代谢网络的边列表;

(3) Email:记录了罗维拉大学用户之间邮件交换的关系;

(4) Hamster:定义了"www.hamsterster.com"网站用户之间的友谊和家庭联系;

(5) Facebook:这个数据集由来自 Facebook 的"圈子"(或"朋友列表")组成;

(6) Ca-GrQc:该数据集是一个来自电子打印 arXiv 的合作网络,涵盖了提交给广义相对论和量子宇宙学类别的论文的作者之间的科学合作;

(7) Gnutella p2p:记录的是从 2002 年 8 月份开始的点对点共享网络快照。节点是 Gnutella 网络拓扑中的主机,边为主机之间的连接;

(8) Condmat:是一个基于 1995 年至 1999 年存档的电子版 arXiv 的浓缩物质部分的合作作者网络;

(9) Enron:安然电子邮件互动在安然社区,包括关于超过一百万封电子邮件的信息。

Jazz 等 9 个真实网络的具体拓扑结构信息描述如表 2.1 所示。

表 2.1 网络拓扑结构

网络	n	m	$<k>$	k_{max}	$<d>$	$<c>$	β_{min}
Jazz	198	2742	27.697	100	2.235	0.6175	0.0266
CEnew	453	2025	8.94	237	2.664	0.646	0.0256
Email	1133	5451	9.622	71	3.606	0.2540	0.0565
Hamster	2426	16631	13.711	273	3.67	0.538	0.0241
Facebook	4039	88234	43.691	1045	3.693	0.617	0.0095
Ca-GrQc	4158	13422	6.456	81	6.049	0.665	0.0589
Gnutella p2p	6301	20777	6.595	97	4.643	0.015	0.0600
Condmat	23133	93497	8.083	281	5.352	0.633	0.0475
Enron	33696	180811	10.732	1383	4.025	0.708	0.0071

在表 2.1 网络拓扑结构表中,n 表示网络中节点的总数,m 表示网络中边的数量;$<k> = \dfrac{2*m}{n}$ 表示网络的平均度,$k_{\max}$ 表示网络中节点的最大度,$<d>$ 表示网络平均最短路径长度,$\langle c \rangle = \dfrac{1}{n} \sum_{i=1}^{n} \dfrac{2*I_i}{|N(i)|*(|N(i)|-1)}$,表示网络的平均聚类系数,$I_i$ 表示节点 i 的直接邻居之间边的数目;$\beta_{\min}$ 为传播阈值,这里可由 $\dfrac{\langle k \rangle}{\langle k^2 \rangle - \langle k \rangle}$ 计算得到。

2.3.2　性能指标

1) SIR 模型和 SI 模型

易感感染恢复(Susceptible-Infected-Recovered, SIR)的传染病模型被用来评估所提出方法的性能。首先,设置初始选择的种子节点为感染状态,网络中其他所有的节点为易感状态,在每一时间步,每个感染节点会以 β 的概率去感染它直接邻居中的易感节点。同时每个感染节点会以 γ 的概率变为恢复状态,变为恢复状态的节点不会再被感染。其微分方程为

$$\begin{cases} \dfrac{\mathrm{d}S}{\mathrm{d}t} = -\beta SI \\[2mm] \dfrac{\mathrm{d}I}{\mathrm{d}t} = \beta SI - \gamma I \\[2mm] \dfrac{\mathrm{d}R}{\mathrm{d}t} = \gamma I \end{cases} \tag{2.20}$$

感染概率 β 不能太小也不能太大,如果 β 过小,则传染病不能成功地感染到整个网络,甚至不能传播;如果 β 太大,则传染病几乎可以感染整个网络,不同节点之间的影响力就无法区分,对比较无意义。所以 β 的选取因高于传播阈值 $\beta_{\min}$,每个网络的传播阈值已在表 2.1 的第 8 列给出。在本实验中,感染率定义为 $\lambda = \beta/\gamma$。由于模型中存在随机性,实验结果应通过模拟多次求平均值。

算法性能可以通过测量节点的传播能力来衡量,其传播能力可以通过在时间 t 的感染规模 $F(t)$ 和最终感染规模 $F(t_c)$ 来表示。感染规模表示了在时刻 t 选择节点的影响力,定义为

$$F(t) = \dfrac{n_{I(t)} + n_{R(t)}}{n} \tag{2.21}$$

式中:$n_{I(t)}$ 和 $n_{R(t)}$ 分别为在 t 时刻感染节点的数量和恢复节点的数量;n 为网络中节点总数,更大的 $F(t)$ 表明在 t 时刻感染的节点更多,影响力更大,则算法性能更好,更短的 t 表明传播速度更快。

在感染过程中,从感染状态变为恢复状态的节点数量在每个时间步逐渐增多,最终达到峰值即稳定状态。最终的感染规模 $F(t_c)$,即恢复节点总数所占的比例表明了初始选择的种子节点的最终的影响力,定义为

$$F(t_c) = \frac{n_{R(t)}}{n} \tag{2.22}$$

因此,$F(t)$ 评估了节点在 t 时刻的传播影响力,$F(t_c)$ 评估了节点在 SIR 传播过程达到稳定状态时的传播影响力。

相似地,传染病模型 SI 模型由两种状态组成,易感状态和感染状态。当网络中没有更多的易感节点被感染时,SI 模型中的传播扩散将终止。由于 SI 模型可以感染整个网络,通常可以用它来评估不同的算法的传播速度。其在 t 时刻的感染规模定义为

$$F(t) = \frac{n_{I(t)}}{n} \tag{2.23}$$

2) 平均最短路径 L_s

对于选择的种子节点,若像度中心性或 K-shell 中心性那样,种子节点彼此聚集在一起,则会使传播影响范围的重叠,所以选择分散的种子节点更容易使传播影响范围扩大。通过测量选择的种子节点之间的平均最短路径 L_s 来衡量所选择节点的分散程度,进而比较出不同算法的性能。选择的种子节点集 S 之间平均最短路径长度定义为

$$L_s = \frac{1}{|S|(|S|-1)} \sum_{u,v \in S, u \neq v} l_{u,v} \tag{2.24}$$

式中:$l_{u,v}$ 为节点 u 到节点 v 的最短路径长度;L_s 表示选择的种子节点更分散,可以使得传播影响最大化。

2.4 实验结果和分析

2.4.1 SIR 模型和 SI 模型仿真分析

首先,利用 SIR 模型对提出的 K-TOPSIS 和 CM-TOPSIS 算法进行测试。根据不同的初始种子节点规模的情况下的最终感染规模来判断不同算法的性能,鉴于网络不同的规模,在选择初始传播种子节点时采取不同的比例,对于规模较小的网络给予较大的初始比例。对于网络 Jazz、CEnew、Email、Hamster、Facebook、Ca-GrQc,Gnutella p2p,其初始种子节点比例最大设置为 0.03,对于规模较大的网络 Condmat 和 Enron,初始种子节点比例最大设置为 0.003。感染概率 β 设置为 $1.5\beta_{min}$,表 2.2 展示了算法 K-TOPSIS 与基准算法的平均最终感染规模 $F(t_c)$。

表 2.2　K-TOPSIS 方法在不同网络下的平均最终感染规模

网络	CEnew	Email	Hamster	Ca-GrQc	Facebook	Gnutella p2p	Condmat	Enron
DC	0.0852	0.1639	0.1219	0.0378	0.1537	0.1233	0.0340	0.0327
VR	0.0862	0.1669	0.1286	0.0910	0.1996	0.1371	0.0354	0.0332
PR	0.0854	0.1664	0.1244	0.0785	**0.2098**	0.1264	0.0355	0.0329
NC	0.0846	0.1629	0.1192	0.0310	0.0822	0.1141	0.0325	0.0323
H-index	0.0898	0.1679	0.1250	0.0420	0.0860	0.1262	0.0337	0.0337
K-TOPSIS(DC)	0.1035	0.1784	0.1460	0.0916	0.1743	0.1496	0.0358	0.0373
K-TOPSIS(VR)	**0.1069**	0.1759	**0.1504**	0.0923	0.1744	0.1494	0.0351	0.0371
K-TOPSIS(PR)	0.1048	0.1760	0.1440	0.0895	0.1752	0.1467	0.0353	0.0368
K-TOPSIS(NC)	0.1032	0.1784	0.1459	0.0773	0.1658	0.1454	0.0371	0.0374
K-TOPSIS(H-index)	0.1047	**0.1824**	0.1501	**0.0939**	0.1728	**0.1542**	**0.0373**	**0.0385**
K-TOPSIS(NH-index)	0.1020	0.1773	0.1418	0.0813	0.1654	0.1437	0.0372	0.0360

　　如表 2.2 展示的结果所示,K-TOPSIS 方法的变体改善了相应的中心性的平均感染规模,且近乎所有的 K-TOPSIS 方法相比于 6 个基准中心性在平均感染规模上均有明显的提高。尤其是当选择 H-index 作为次级评分时,除网络 CEnew、Hamster、Facebook 外,选择的节点源的平均感染规模最大。

　　其中,我们选择 K-TOPSIS(H-index)与 6 种基线中心性(DC,H-index,VR,NC,PR)进行比较(图 2.4)。x 轴表示不同初始种子节点比例 p,y 轴表示每种比例下的最终感染规模。实验结果通过 1000 次实验的平均值获得。

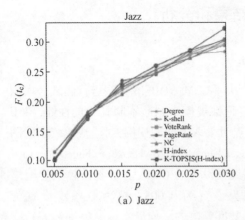

(a) Jazz

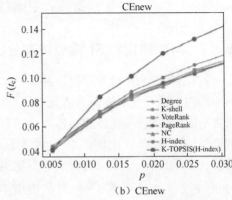

(b) CEnew

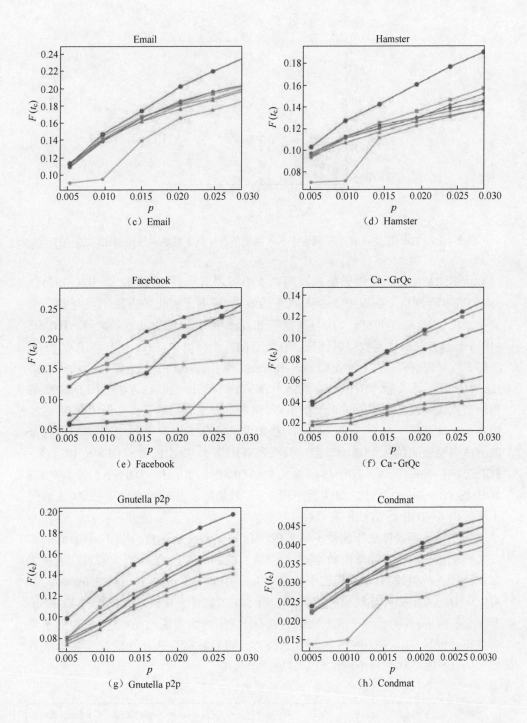

（c）Email

（d）Hamster

（e）Facebook

（f）Ca‐GrQc

（g）Gnutella p2p

（h）Condmat

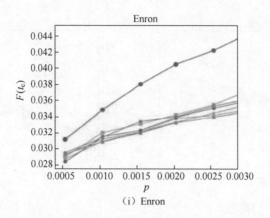

（i）Enron

图 2.4　K-TOPSIS 方法在 9 个网络中不同初始节点比例下的感染规模对比（见彩图）

　　从不同初始节点比例感染规模图 2.4 中可以看出，所提出的 K-TOPSIS（H-index）在 9 个网络上都取得了令人满意的效果，证明了提出的方法的优越性。在初始 p 较小时，K-TOPSIS 方法与其他基准方法相当，但随着 p 的增大，K-TOPSIS（H-index）方法的优越性得以体现。在所有的 9 个网络中，所提出的 K-TOPSIS 方法都表现最好，特别是在网络 CEnew、Hamster 和 Gnutella p2p 上，但在小规模网络 Jazz 中表现不尽人意。在 CEnew 网络中，K-TOPSIS（H-index）方法只用了 0.02 的初始节点比例就感染了超过 12% 的节点，而基准方法在初始节点比例为 0.03 时才勉强达到此规模。在 Hamster 网络中，提出的 K-TOPSIS（H-index）方法相比与基准方法多感染了约 2.15% 的节点。而在所有网络中，提出的 K-TOPSIS（DC），K-TOPSIS（H-index），K-TOPSIS（VR），K-TOPSIS（PR），K-TOPSIS（NC）和 K-TOPSIS（NH-index）算法之间性能不相上下，但都优于基准的 6 种中心性，这证明了所提出 K-TOPSIS 方法的有效性。

　　为了验证不同算法所选种子节点的传播规模和传播速度，SIR 模型的时间步长实验被用来验证不同算法的性能，为保持实验的一致性，设置固定数量初始种子节点比例。相似地，对于规模较小的网络 Jazz、CEnew、Email、Hamster、Facebook、Ca-GrQc、Gnutella p2p，其初始种子节点比例为 0.03，对于规模较大的网络 Condmat 和 Enron 网络，其初始种子节点比例为 0.003。实验结果通过 1000 次实验的平均来获得。同样，用 K-TOPSIS 与 6 种基线方法进行比较。表 2.3 记录了各算法与其 K-TOPSIS 变体在每个网络稳定时的感染规模。

表 2.3　网络稳定时的感染规模

网络	Jazz	CEnew	Email	Hamster	Ca-GrQc	Facebook	Gnutella p2p	Condmat	Enron
DC	0.2947	0.1144	0.2045	0.1418	0.0536	0.1657	0.1669	0.0425	0.0357

网络	Jazz	CEnew	Email	Hamster	Ca-GrQc	Facebook	Gnutella p2p	Condmat	Enron
VR	0.3001	0.1172	0.2107	0.1582	0.1334	0.2507	0.1815	0.0460	0.0369
PR	0.2993	0.1177	0.2039	0.1441	0.1133	0.2640	0.1709	0.0457	0.0363
NC	0.2867	0.1173	0.2003	0.1390	0.0417	0.0882	0.1464	0.0406	0.0347
H-index	0.29705	0.1252	0.2038	0.1516	0.0671	0.1354	0.1637	0.0416	0.0365
K-TOPSIS(DC)	0.3138	0.1511	0.2286	0.1845	0.1345	0.2727	0.1949	0.0449	0.0425
K-TOPSIS(VR)	0.3119	**0.1598**	0.2287	0.1896	0.1338	**0.2747**	0.1922	0.0442	0.0421
K-TOPSIS(PR)	0.3105	0.1529	0.2195	0.1796	0.1301	0.2728	0.1811	0.0432	0.0413
K-TOPSIS(NC)	**0.3162**	0.1511	0.2293	0.1774	0.1083	0.2532	0.1776	**0.0476**	0.0417
K-TOPSIS (H-index)	0.3060	0.1520	**0.2370**	**0.1917**	**0.1393**	0.2719	**0.1976**	0.0474	**0.0440**
K-TOPSIS (NH-index)	0.2997	0.1515	0.2256	0.1704	0.1130	0.2515	0.1745	0.0472	0.0387

分析表 2.3 可以得出,所有的 K-TOPSIS 变体相比于相应的中心性的最终感染规模都有所提高,并且 K-TOPSIS 方法相比于 Degree 等 6 个基线方法在感染规模有明显提高,这验证了用 K-TOPSIS 方法作为一般框架可以改进已有中心性算法这一结论。

具体 $F(t)$ 随时间变化的结果如图 2.5 所示, x 轴表示时间步长, y 轴表示在时间 t 下的感染规模 $F(t)$ 。在 Jazz、CEnew 和 Email 网络中,给出了 K-TOPSIS (DC)、K-TOPSIS(H-index)、K-TOPSIS(VR)、K-TOPSIS(PR)、K-TOPSIS(NC)算法的对比。从图 2.5 中可以看出,所提出的 K-TOPSIS(H-index)算法相比于 Degree、K-shell 等 6 个基线算法,总是能达到最高峰,即感染规模最大,并且总是能最快达到稳定状态,即传染速度最快,尤其是在 CEnew、Email、Hamster 和大规模网络 Enron。对于 CEnew 网络,K-TOPSIS(H-index)相比于最差的 Degree 中心性高出了约 3.76%,相比于最好的 H-index 高出了 2.68%。对于 Email 网络,K-TOPSIS(H-index)相比于最好的 VoteRank 方法高出了约 2.63%。在 Hamster 网络以及大规模网络 Enron 中,K-TOPSIS(H-index)方法相比于最好的 VoteRank 方法分别高出 3.35% 和 0.71%。所有网络中,K-shell 方法和 NC 中心性表现最差,这可以通过 K-shell 方法选择的种子节点彼此聚集在一起,导致传播影响范围的重叠来解释。可以发现所提出的 K-TOPSIS 方法,总能用最少的时间达到稳定状态。

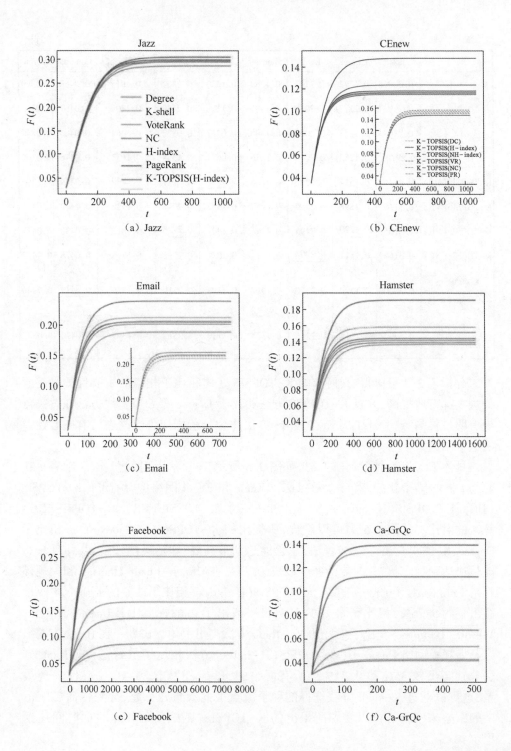

（a）Jazz

（b）CEnew

（c）Email

（d）Hamster

（e）Facebook

（f）Ca-GrQc

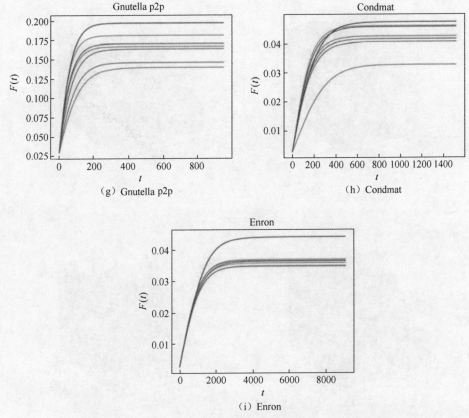

图 2.5　K-TOPSIS 与其他基线方法的感染方法比较(见彩图)

除了选择的初始种子节点的比例,传染率 λ 也会对节点传播过程产生影响,不同的 λ 表示不同的传播能力,设置传播概率 β 设置为 $1.5\beta_{\min}$,感染率 λ 从 1.0 变化到 2.0,观察节点的传播影响力,在 Jazz、CEnew、Email、Hamster、Ca-GrQc 和 Gnutella p2p 网络的不同感染概率下将不同基准算法与 K-TOPSIS(H-index) 算法的感染规模进行对比,其结果如图 2.6 所示,实验结果通过 1000 次实验的平均获得。x 轴是被测试的算法,y 轴表示感染率 λ ,z 轴表示在不同感染率 λ 下的感染规模 $F(t_c)$ 。

观察图 2.6 不同感染率的感染规模图,除 Jazz 网络外,所提出的 K-TOPSIS 方法在其余 5 个网络上表现出了较好的性能,并且都优于其他 6 个基准方法,尤其在 CEnew 和 Hamster 网络,性能明显优于其他方法。在感染率为 2.0 时,提出的 K-TOPSIS(H-index)算法在 CEnew 网络可以比基准方法多感染约 5.4%,在 Hamster 网络中,K-TOPSIS(H-index)算法高出基准方法 5.8% 左右。在网络 Jazz 和 Email

29

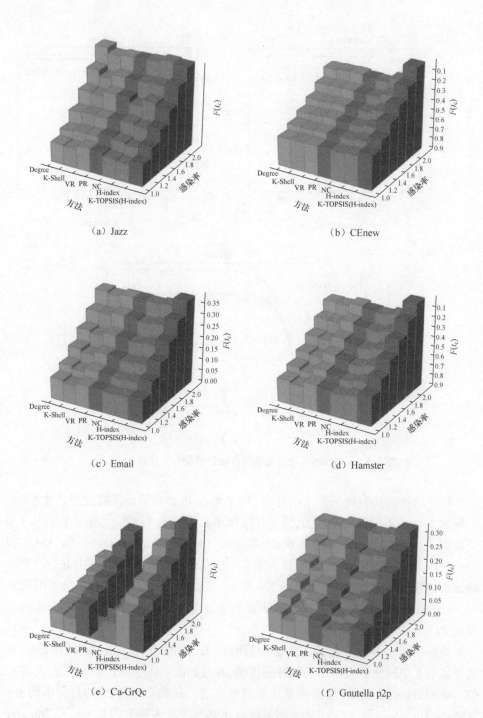

（a）Jazz

（b）CEnew

（c）Email

（d）Hamster

（e）Ca-GrQc

（f）Gnutella p2p

图 2.6　不同感染率 λ

中,在感染率 λ 较小时,所提出的方法与其他方法相当,随着 λ 增大,感染规模逐渐增大,这是因为较小的感染率,消息可能不能成功地传播。实验表明,所提出的 K–TOPSIS 相比于基准方法具有更强的泛化能力。

用 SI 模型对算法的传播速度做了进一步研究,在 Hamster、Ca–GrQc 和 Facebook 这 3 个网络上对 6 种基线方法及其 K–TOPSIS(H–index)进行了测试(图 2.7),其中种子比例被设置为 0.03。实验结果通过 1000 次实验的平均获得。其 x 轴表示时间步长,y 轴为在某时刻 t 下感染的种子比例。该模型在最终可以将整个网络成功感染。

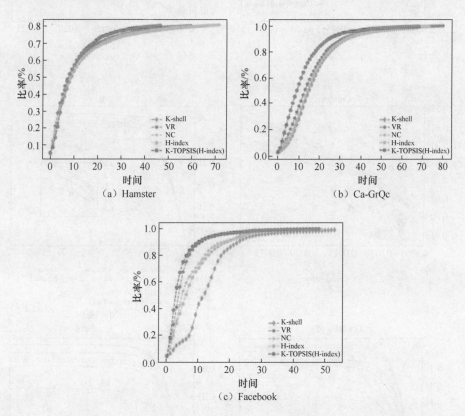

图 2.7　SI 模型中的感染规模(种子比例设置为 0.03)(见彩图)

从图 2.7 中可以明显看出,在网络 Hamster、Ca–GrQc 和 Facebook 网络上,所提出的 K–TOPSIS(H–index)方法在达到相同的感染规模时,所需时间更少,这验证 K–TOPSIS 算法感染速度更快。

对于 CM–TOPSIS 方法,这里我们将其在 6 个网络上与基线方法进行了传播规模分析,如图 2.8 所示,其中图 2.8(a)~(c)分析不同种子节点比例下的最终感染规模,图 2.8(e)~(f)分析的是时间步长实验,实验均为 1000 次实验的平均获得。

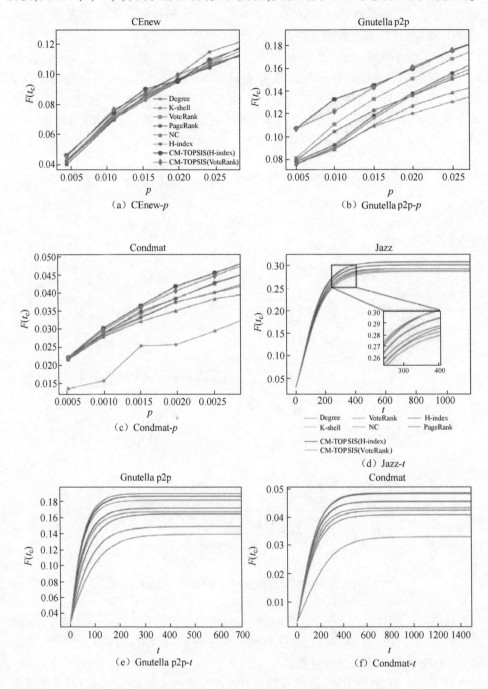

图 2.8　CM-TOPSIS 传播感染规模比较(见彩图)

从图 2.8 中可以看出,基于社区分层网络,并同通过邻域覆盖后选择的种子节点产生的影响并未达到像 K-TOPSIS 那样的令人满意的效果,这可能是因为通过社区划分后,社区都相互独立,将网络划分为了自然的社区,并未对社区进行重要性排序,随机在社区内进行种子节点选择。而对于 K-TOPSIS 方法来说,使用 K-shell 进行分解网络已经将网络按从内层到外层这样的层级重要程度排序了,当然位于节点中心种子节点影响力更大。

2.4.2　种子节点分散程度分析

K-shell 方法倾向于选择单个最有影响力的节点,但若选择一组最有影响力的节点,K-shell 方法则表现不佳,这是因为 K-shell 方法的高壳层的节点彼此聚集在一起,导致传播影响范围的重叠,达不到影响力最大化。一般来说,选择的初始种子节点集越分散越能使传播影响最大化。平均路径长度 L_s 用来测量初始感染种子节点集之间的距离。其各基准算法与其 K-TOPSIS 变体选择出的种子节点之间的最短路径长度在表 2.4 初始节点集最短路径表中给出。

表 2.4　初始节点集平均最短路径长度

网络	Jazz	CEnew	Email	Hamster	Ca-GrQc	Facebook	Gnutella p2p	Condmat	Enron
DC	1.5920	1.3076	2.0035	1.6929	3.936	2.1687	2.7998	2.2071	1.7099
K-shell	1.4739	1.3076	2.0552	1.9958	4.0117	1.0438	2.1247	2.2344	1.5803
VR	1.8246	1.3736	2.1497	2.0209	3.9838	2.8206	3.1855	2.4164	1.9372
PR	1.6101	1.3186	2.0677	1.7393	3.3852	**3.3161**	3.0395	2.5498	1.8922
NC	1.5119	1.3076	1.9696	1.6415	3.9744	1.0776	2.2726	2.0464	1.6007
H-index	1.7948	1.5054	2.0320	1.8987	4.9886	2.0505	2.5612	2.1935	1.6908
K-TOPSIS(DC)	1.8363	2.2747	2.9840	3.1827	5.0849	3.1628	4.3294	4.3565	3.5770
K-TOPSIS(VR)	**1.9176**	**2.4945**	**3.1337**	4.8883	**5.4139**	3.1189	4.5558	4.5090	**3.7133**
K-TOPSIS(PR)	1.8574	2.2747	2.9501	**12.9514**	5.3603	3.2147	**4.6510**	**4.7450**	3.5691
K-TOPSIS(NC)	1.8252	2.1648	2.9394	2.8398	3.8825	2.8190	3.7262	3.6343	2.9588
K-TOPSIS(H-index)	1.8656	2.3407	3.0160	3.5213	5.2084	3.1811	4.3390	4.1888	3.6657
K-TOPSIS(NH-index)	1.8095	2.0879	2.8039	2.6640	3.8788	2.8212	3.6738	3.2851	2.5512

从表 2.4 可以看出,除网络 Facebook 外,所提出的 K-TOPSIS,K-TOPSIS(DC)、K-TOPSIS(VR)、K-TOPSIS(PR)、K-TOPSIS(NC)、K-TOPSIS(H-index)和 K-TOPSIS(NH-index)方法选择出的种子节点集之间的平均最短路径长度 L_s 均明显大于其他基准方法,并且相比于对应的已有中心性有所增大。在 Facebook 网络中,PR 方法选择的种子节点集之间最短路径最大,但该方法感染规模较小,这也说明了所提出的方法并不是单纯地选择分散节点,而是根据传播能力选择分

散的节点。为观察选择的种子节点分布情况,在图 2.9 中根据 K-TOPSIS(H-index)算法可视化了 Jazz、CEnew、Email 和 Hamster 这 4 个度分布不同的网络选择的种子节点。种子节点比例设置为 0.03。图 2.9 中着色节点表示种子节点,灰色节点表示未被选择的节点。曲线表示网络的度分布。水平坐标轴为节点的度,垂直坐标轴表示相应度的频数。

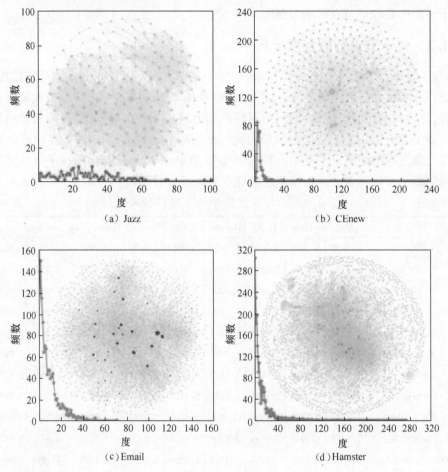

图 2.9　K-TOPSIS 方法选择出来的种子节点(见彩图)

可以发现被选择的节点并不都倾向于邻居节点多的节点,并且选择的节点从网络内壳到外围均匀分散。一般来说,选择的初始种子节点越分散,越能使信息传递到整个网络,所以平均最短路径长度一般作为一个评价指标,但并不能绝对地说明算法性能的好坏。

参 考 文 献

［1］Shang Q, Deng Y, Cheong K H. Identifying influential nodes in complex networks: Effective distance gravity model[J]. Information sciences, 2021, 577: 162−179.

［2］Zhong S, Zhang H, Deng Y. Identification of influential nodes in complex networks: A local degree dimension approach[J]. Information Sciences, 2022, 610: 994−1009.

［3］Berahmand K, Nasiri E, Forouzandeh S, et al. A preference random walk algorithm for link prediction through mutual influence nodes in complex networks[J]. Journal of King Saud University-Computer and information Sciences, 2022, 34(8): 5375−5387.

［4］Kumar S, Panda A. Identifying influential nodes in weighted complex networks using an improved-WVoteRank approach[J]. Applied Intelligence, 2022, 52(2): 1838−1852.

［5］Feng J, Xie J, Wang J, et al. Secure synchronization of stochastic complex networks subject to deception attack with nonidentical nodes and internal disturbance[J]. Information Sciences, 2021, 547: 514−525.

［6］Curado M, Tortosa L, Vicent J F. A novel measure to identify influential nodes: return random walk gravity centrality[J]. Information Sciences, 2023, 628: 177−195.

［7］Qiao Z, Nie W, Vahdat A, et al. State-specific protein-ligand complex structure prediction with a multiscale deep generative model[J]. Nature Machine Intelligence, 2024, 2: 1−14.

［8］Kazemzadeh F, Safaei AA, Mirzarezaee M, et al. Determination of influential nodes based on the Communities' structure to maximize influence in social networks[J]. Neurocomputing, 2023, 534: 18−28.

［9］Gupta A, Khatri I, Choudhry A, et al. MCD: A modified community diversity approach for detecting influential nodes in social networks[J]. Journal of Intelligent Information Systems, 2023: 1−23.

［10］Ji P, Ye J, Mu Y, et al. Signal propagation in complex networks[J]. Physics Reports, 2023, 1017: 1−96.

第 3 章　基于社区的复杂网络影响力最大化建模

在第 2 章中我们用基于社区和 TOPSIS 方法来寻找影响力节点,但并不是很理想,所以本章针对网络社区结构特性来设计算法。传统的结合社区结构的影响力节点识别方法在候选节点集选择时遍历整个网络,这会一定程度上耗费时间。本章利用反向生成网络思想设计出仅遍历网络部分节点的方法——基于社区的反向生成网络(Community-Based Backward Generating Networks,CBGN)方法去寻找复杂网络中的一组影响力节点。在提出的 CBGN 方法中,构建出了一种新的影响力最大化框架。该框架主要分为 3 个阶段:首先,原始网络被划分为不同的社区以加速算法。其次,提出了一种新的反向生成网络方法在每个社区内选择节点构造候选节点池,利用图遍历这一新视角去辅助构造反向生成网络。该生成网络方法旨在寻求一组能最小化代价函数的节点序列,并且不同于从原始网络中删除节点,而是逐个向空网络中加入节点。在这种方法下,并且构建网络时不必恢复原始网络即可选出高重要性节点。最后,考虑节点之间的位置关系及结构相似性,进行相似节点邻域覆盖,提出了改进的子模性 CELF 算法选择最终的种子节点。提出的 CBGN 框架考虑社区结构的同时结合了网络稳健性和贪心算法,可以高效地最大化传播影响力。实验结果表明:在 Inf-USAir 等 6 个真实网络上,提出的 CBGN 方法在 SIR(Susceptible-Infected-Recovered)传播模型下的传播规模分别高出 BGN 等基线方法 0.45%、0.59%、0.84%、1.05%、0.71%和 0.14%。

3.1　问题分析和研究动机

3.1.1　问题分析

在最近的几十年里,一些经典的贪心算法相继提出,如依次选择边际增益最大的节点的 greedy 算法,以及在该算法上进行改进的 CELF、CELF++等。尽管这些算法的影响传播接近最优解,但这些算法需要上万次的蒙特卡罗模拟,造成了很长的计算时间,使其难以扩展到大规模网络上。为解决这一现象,大量的网络科学研究者又提出了针对特定领域的启发式算法,牺牲一定的准确率大大减小了计算复杂度。近年来,一个新的指标——稳健性值被广泛用来衡量节点的重要性。稳健性起源于著名的渗透理论,即当移除网络中一部分节点时,会造成网络的崩溃。稳

36

健性值用于衡量网络的连通性,更小的稳健性值意味着算法更好的性能。相比于传统的方法需要对全部节点进行排序,而稳健性仅考虑所有节点在网络中的重要性。另外,社区也是网络科学中一个重要的结构,相比于不同的社区,节点在相同社区可能联系更频繁。大量的基于社区的影响力最大化算法被提出,证明了社区划分的有效性。

3.1.2　研究动机

已有的基于社区的方法只是简单地利用了社区结构这一特性,且一些基于三段式的方法在选择候选节点集和种子节点时还存在一些不足。首先,现有的方法如随机游走、遗传算法或其他的一些启发式算法在选择候选节点集时需要遍历整个网络,并且选择的候选节点之间可能存在彼此聚集的情况。若从这些候选节点集中选择出来种子节点可能存在影响力范围重叠的问题。因此,候选节点集的生成在整个种子节点选择过程中尤为重要。其次,在种子节点识别阶段时,大量算法利用贪心算法进行精确选择,尽管在生成候选节点集中进行选择已大大提高了运行效率,但也是比较耗时的。因此,希望在第二阶段选择出的候选节点集能对第三阶段有所帮助,并且不仅仅是缩小搜索范围的作用。基于以上讨论,本章提出了一种新的基于社区的反向生成网络方法去识别复杂网络中的一组有影响力节点,其主要贡献如下。

(1) 提出了一种新的最小化代价函数的反向生成网络方法 Imp_BGN,利用图遍历这一新视角,通过构建一个目标节点为根节点的广度优先搜索树(BFS)来评估每一个节点,从 BFS 树中可以得到每一个节点的影响得分,利用影响得分来辅助构造反向生成网络,并且由于首先加入的是最不重要的节点,可以使生成的网络不必恢复到原始网络,未加入到网络中的节点直接加入候选节点集,大大减小了计算时间。

(2) 改进了 CELF 算法,考虑到节点与节点之间的共有邻居及位置关系会使选择出的节点集影响范围重叠,设计出了一种相似性评价指标,应用在了 CELF 选择种子节点的过程。

(3) 构想出了一个基于社区的反向生成网络框架 CBGN 来选择复杂网络中一组有影响力的节点,考虑了网络的社区结构,利用社区对算法进行加速,并结合了网络的连通性、图遍历以及启发式算法和贪心算法的优点。

(4) 对提出的 CBGN 方法进行稳健性、影响力传播规模和节点间平均最短路径长度等实验评估,在 Inf-USAir 等 6 个真实网络上的实验结果表明,提出的算法优于已有的先进方法。

3.2 相关研究工作

3.2.1 反向生成网络

Lin 等提出了反向生成网络方法(Backward Generating Networks, BGN)去识别复杂网络中的有影响力节点,该方法通过最小化稳健性值 R 来得到节点重要性的排序。BGN 旨在找到一个节点序列,使网络尽快地崩溃,即网络中最大连通分量快速减小。BGN 的核心是逆向过程,它没有选择从网络中删除节点,而是依据网络中巨大连通分量大小增长尽可能慢的需求,逐个向空网络中添加节点去构造原始网络。这样,节点的排序与添加的顺序相反,也就是说,后面添加的节点在维护网络连接方面更重要。

逆向过程从空网络 $G_0(V_0, E_0)$ 开始,在空网络表达式中, $V_0 = \varnothing$ 并且 $E_0 = \varnothing$ 。在 $(n+1)^{th}$ 时间步,将剩余节点中的一个节点添加到当前的网络 $G_n(V_n, E_n)$ 中形成一个有 $(n+1)$ 个节点的新网络。即 $G_{n+1}(V_{n+1}, E_{n+1})$ 。重复此过程,直到网络恢复为原始网络。注意,在这一过程中所有进行中的网络 $G_n(n=0,1,2,\cdots,N)$ 都是网络 G 的诱导子图。根据 BGN 的策略,在每一个时间步中选择的节点应该尽可能最小化网络 G_{n+1} 中的最大连通分量的大小。

3.2.2 图遍历算法

图遍历框架可以纳入不同类型的中心性以提高现有性能。该方法从图遍历的角度解决影响力节点识别问题,与现有方法完全不同。现有的任何中心性如度中心性、H-index 等都可以通过该框架生成重要性分数。第一,对于网络中的每一个节点,通过逐层遍历图来构建一个广度优先搜索树(BFS),广度优先搜索树的目标节点为根节点(图3.1(a))。每一个节点都有一个初始中心性分数,可以从任意中心性度量方法获得。对于有影响力节点的树,一般在 BFS 树的顶层会有较多节点,这是因为顶层节点属于根节点的局部邻居。第二,从每棵 BFS 树中构建一个长度为 h 的累积分数向量 $vec = [l_1, l_2, \cdots, l_h]$,累积分数向量中的 h 表示最大的层数(根节点的层数为1)。 l_i 表示层数不大于 i 的所有节点的分数之和(图 3.1(b))。第三,得分向量 vec 的前 k 个值被用来绘制曲线,用曲线下的面积来量化节点的影响,将曲线下的面积记为 AUC 值, $k(1 \leqslant k \leqslant h)$ 是用户特定的参数(图 3.1(c))。

在给定的图 G 中,假设初始化中心性分数为 CS $= \{c_1, c_2, \cdots, c_n\}$,初始化后的中心性分数 CS 中的 c_i 表示节点 i 的某种中心性(如度、H-index 等)。那么每个节点生成的 BFS 树在第 k 层的累积分数可以被计算如下:

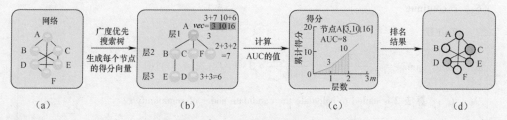

图 3.1　图遍历中心性的生成过程(见彩图)

$$cum\_score(k) = \sum_{q=1}^{k} \sum_{v_j \in T(q)} c_j \quad (3.1)$$

式中:$T(q)$ 表示某节点生成的 BFS 树中在第 q 层的所有节点。

AUC 值通过生成的得分向量的前 k 项绘制曲线并计算面积获得,可以表示如下:

$$AUC(k) = cum\_score(1)/2 + (cum\_score(1) + cum\_score(2))/2$$
$$+ \cdots + (cum\_score(k-1) + cum\_score(k))/2$$
$$= \sum_{q=1}^{k} \left(\left(k - q + \frac{1}{2} \right) \sum_{v_j \in T(q)} c_j \right) \quad (3.2)$$

通过图遍历获得的 AUC 值可以更好地提升如度中心性等的性能,使已有的中心性排序方法更加细粒度。

3.3　基于社区的反向生成网络影响力最大化框架

本节将提出新的 CBGN 框架以实现网络中的影响力最大化,其算法伪代码如算法 3.1 所示。

算法 3.1:CBGN 框架
Input:A network $G < V, E >$,a int number k, q// k 是要选择的种子节点数,q 是图遍历中 BFS 树的层数。
Output:A list S of top-k influential nodes
1:// 初始化
2:Calculating auc score by formula(7-8),$C=[\ ]$ //C 是候选节点集的列表
3:com _ list ← Call the Louvain algorithm　// com _ list 是记录每个社区节点的列表
4:**For** com in com _ list **do**　//过滤掉小于阈值的社区
5:　If size(com) < size(G) $* \eta$ **do**

6： **continue**

7： **End If**

8： $cand\_num_i = \dfrac{C\_size_i - C\_size_{min}}{C\_size_{max} - C\_size_{min}} * \beta * k //由式(4.5)计算$

9： $C_i \leftarrow$ **算法 2** is called to calculate the candidate nodes of community i

10： $C = C \cup C_i$

11：**End For**

12：$S \leftarrow$ Call **Algorithm** 3 to calculate the final top$-k$ nodes

13：Return S

  CBGN 框架(图 3.2)由 3 部分组成。

  (1) 社区划分,在这一阶段上采用一种适合应用数据集的、考虑运行时间的社区检测算法(算法 3.1 第 3 行)。

  (2) 候选集生成,简言之,在反向网络生成中引入图遍历这一概念,利用图遍历进一步优化的中心性度量来逐个向空网络中添加节点,最后,还没有加入到网络中的节点即作为候选节点(算法 1 第 4~10 行)。

  (3) 选择种子节点,将启发式算法与贪心算法平衡以快速准确选择节点(算法 1 第 12 行)。

  下面将会给出每一步的详细描述。

3.3.1 社区划分

  Louvain 算法被用来对本章真实网络数据集进行划分。相比于其他的一些图分割方法、层次聚类方法、标签传播方法等,Louvain 算法不需要关于社区数量的先验知识,可以发现更自然的社区。因此,由 Louvain 算法获得的社区更加接近真实网络的固有社区。并且该社区发现算法还可以应用到大规模网络上。另外,对于划分社区后的网络,并不是所有的社区都是足够有意义地容纳最终的种子节点,对于那些规模较小的社区,不将其送入候选节点选择阶段。考虑到规模更大的社区有更多的影响力,每个社区规模至少具备以下条件:

$$C\_size = size(G) * \eta \qquad\qquad (3.3)$$

式中：$size(G)$ 为网络 G 的节点数量；η 为一个可调参数,用于控制满足条件的社区大小,本章设置 $\eta = 0.01$。

3.3.2 候选节点集生成

  在这一阶段,候选节点将在相互独立的社区中产生。通过减少需要评估的候

40

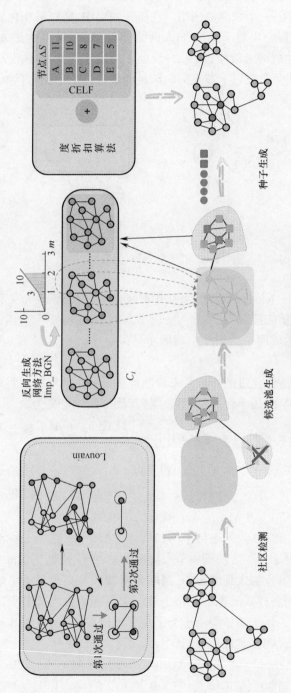

图3.2 CBGN框架的整体示意图（见彩图）

选节点的数量来找到最具影响力的节点,从而提高效率。在这一步中,每个社区将被看作一个诱导子图,一个独立的网络。在每个网络中,通过最小化稳健性值执行反向生成网络的过程。当将节点 u 加入网络时,记此时网络的最大连通分量为 $G[u]$。根据反向生成网络策略,加入的节点 u 应最小化网络中最大连通分量的大小,但是可能存在两个或以上节点同时满足此条件(图 3.3 中着绿色节点)。

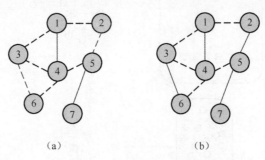

图 3.3　一个玩具网络(见彩图)

观察图 3.3,在反向生成过程的第 2 个时间步(图 4.3(a)),发现在保证最小化网络最大连通分量的情况下,再加入一个节点时,这里有多个节点(节点 1,2,3,4,6)可选,在反向生成网络的第 4 个时间步(图 4.3(b)),这里有 3 个节点(节点1,3,4)可选。

利用通过图遍历优化过的中心性来辅助构造反向生成网络。将最小化连通分量大小这一目标转换为最小化代价函数。将其代价函数定义为

$$\text{cost}(u, n + 1) = G_{n+1}^{\max}(u) \left(1 + \xi \frac{\text{AUC}(u) - \text{AUC}_{\min}}{\text{AUC}_{\max} - \text{AUC}_{\min}} \right) \quad (3.4)$$

式中: $G_{n+1}^{\max}(u)$ 为在 $(n + 1)^{\text{th}}$ 时间步,将节点 u 加入到网络 G 中的最大连通分量的大小, 即 $G_{n+1}^{\max}(u) = G[u]$; ξ 为一个足够小的正参数,保证 $\xi * G_{n+1}^{\max}(u) * (\text{AUC}(u) - \text{AUC}_{\min}) / (\text{AUC}_{\max} - \text{AUC}_{\min}) < 1$ 。

这里选择度中心性作为图遍历中的初始化中心分数,度中心性经过图遍历框架优化,可以产生更加细粒度的衡量节点影响力的 AUC 分数。在每个时间步将使得代价函数最小的节点加入到网络中,当剩余未加入节点数量满足候选节点数量需求时,停止构造网络。其改进的在每个社区中用于生成候选节点的反向生成网络算法 Imp_BGN 如算法 3.2 所示。为了更好地理解算法,以图 3.4 为例构建网络的前 3 个节点来说明其实现过程,其中 $\xi = 0.1$ 。

步骤 1:初始化 $G[u] = 1$,此时, $\text{AUC}[1] = 20.5$, $\text{AUC}[2] = 36.0$, $\text{AUC}[3] = 30.0$, $\text{AUC}[4] = 20.0$, $\text{AUC}[5] = 35.0$, $\text{AUC}[6] = 41.0$, $\text{AUC}[7] = 24.0$, $\text{AUC}[8] = 26.0$, $\text{AUC}[9] = 19.0$, $\text{cost}(1,1) = 1.007$, $\text{cost}(2,1) = 1.077$, cost(3,

42

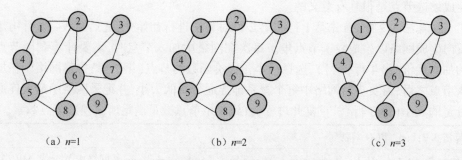

(a) n=1   (b) n=2   (c) n=3

图 3.4 反向生成 3 个节点的网络的构建过程

1) = 1.05，cost(4,1) = 1.005，cost(5,1) = 1.073，cost(6,1) = 1.1，cost(7,1) = 1.023，cost(8,1) = 1.032，cost(9,1) = 1.0。选择 cost 分数最小的节点 9，将其加入网络中以完成第一步构建。

步骤 2：更新每个节点的 $G[u]$，此时 $G[6] = 2$，显然节点 6 的 cost 值都会大于其他节点，所以在节点集 $\{1,2,3,4,5,7,8\}$ 中选择 cost 最小的节点 4 来构建网络。

步骤 3：此时，更新 $G[1] = G[5] = 2$，此时在节点集 $\{2,3,7,8\}$ 中，选择 cost 最小的节点 7 加入网络。此时网络中已经成功构建了 3 个节点。

由于反向生成网络过程中先加入是较为不重要的节点，因此，将剩余未用于构造原始网络的节点则传入候选节点池。为了进一步缩小搜索范围，并保证有质量合适的候选节点，在每个社区形成的独立网络中设置候选节点集的大小，表示如下：

$$\text{cand\_num}_i = \frac{\text{C\_size}_i - \text{C\_size}_{min}}{\text{C\_size}_{max} - \text{C\_size}_{min}} * \beta * k \tag{3.5}$$

式中：$(\text{C\_size}_i - \text{C\_size}_{min})/(\text{C\_size}_{max} - \text{C\_size}_{min})$ 为第 i 个社区在所有选择社区中的比例，其值定义在 $[0,1]$；β 为一个放大参数，控制候选节点集的规模大小；k 为选择的最终的种子节点的数量。

对每一个满足要求的社区都构建反向生成网络以确保候选节点分散并舍弃小社区。在每一个社区中，当还未加入到网络的剩余节点数量等于社区的候选节点数量 cand_num$_i$ 时，停止构建网络。此时，社区 i 中的候选节点集将加入候选节点池。当完成候选节点选择后，候选节点池中的节点数量即为所有社区的候选节点数量之和。利用改进的反向生成网络来生成候选节点池有以下优点。第一，可以使得生成的候选节点集更加分散，节点少量聚集，并且都是网络中的关键节点。第二，选择的候选节点影响力范围重叠度低，在第三阶段也可以用启发式方法与贪心方法平衡来选择种子节点。第三，这些候选池节点保证了网络的健壮性，移除这些节点将很容易造成网络瓦解。第四，在生成候选节点时不用遍历整个网络，当未加入节点满足候选节点集数量时即可停止构建网络。综上所述，利用 Imp_BGN

43

生成候选节点是很具有意义的。

在算法 3.2 中,首先第 1 行和第 2 行对算法进行初始化,之后第 3~11 行构建反向生成网络以生成候选节点集。每次在网络中加入节点时,需要计算剩余节点的加入代价(第 4 行、5 行),选择最小化代价函数的节点(第 7 行)构建网络。在加入节点之后,需要更新网络中每个派系即连通分量的大小,并记录网络中最大连通分量的大小(第 8 行)。重复此过程,直到剩余节点数量满足所需候选节点数量。

算法 3.2:Imp _ BGN 算法.

Input:Network **G<V,E>**,A dict **auc**,a int numberξ,cand _ num$_i$//auc 是网络中节点的 AUC 分数,cand _ num$_i$是社区 i 中候选节点的数量。

Output:The node set C_i to be added to the candidate node pool C

1:// 初始化

2:$S \in \varnothing$,$G \_ R \leftarrow G$,Initialize the dict cost with 1.

3:**While** len($G \_ R$) > cand _ num$_i$ **do** // 当有剩余的 cand _ num$_i$ 节点时停止网络建设

4:　**For** v in $G \_ R$ **do**

5:　　update cost(v) by 式(**4.4**)

6:　**End for**

7:　u _ min ← min(cost)

8:　add node u _ min and update each connected component and the size of maximum connected component

9:　$S = S \cup$ u _ min

10:　$G \_ R \leftarrow G \_ R \backslash \{$u _ min$\}$

11:　remove node u _ min from cost

12:**End While**

13:$C_i \leftarrow$ set(G. nodes) $-$ set(S)

14:Return C_i

3.3.3　选择影响力节点

通过前面两个阶段,搜索空间已大大缩减。由于第 2 阶段的候选节点集节点之间彼此较为分散,可以利用启发式算法部分选择节点来平衡算法效率。在这一阶段选择启发式方法结合贪心方法一起选择种子影响力节点。整体的种子节点选择分为两步:(1)通过度折扣算法在候选节点池中选择部分 k_1 节点;步骤(2)通过改进的子模性 CELF 算法选择部分 k_2 节点。令 k_1、k_2 满足以下条件:

44

$$k_1 = \mu * \sum_{i=1}^{c} \text{cand\_num}_i \qquad (3.6)$$

$$k_2 = k - k_1 \qquad (3.7)$$

式中:k 为需要选择的种子节点数量;c 为网络中满足一定规模的社区的总数;μ 为一个可调参数以平衡贪心算法和启发式算法,本章设置 $\mu = 0.5$。

在启发式算法选择过程中,令度折扣中的传然概率 p 大于网络的传播阈值。每个节点的广义折扣度用下式获得:

$$\text{gdd}_v = d_v - 2t_v - (d_v - t_v)t_v p + \frac{1}{2}t_v(t_v - 1)p - \sum_{d_v - t_v} t_w p \qquad (3.8)$$

式中:d_v 为节点的度, t_v 表示节点 v 的邻居种子节点数量。

在贪心的 CELF 选择阶段,进一步考虑了节点的位置信息以及节点之间的结构相似性,若在每轮 CELF 选择的过程中选择的节点 u 与之前选择的节点和启发式过程选择的节点相似(只要有一个节点满足),那么就不选择该节点,并将其从候选节点池中剔除。设计节点 u 和节点 v 相似性如下:

$$\text{sim} = \frac{|N(u) \cap N(v)|}{|N(u)| + |N(v)|} + \varepsilon[1 - abs(ks(u) - ks(v))] \qquad (3.9)$$

$$\text{sim\_loc} = 1 - abs(ks(u) - ks(v)) \qquad (3.10)$$

式中:$N(u)$ 为节点 u 的邻居数量;$ks(u)$ 为节点 u 的归一化的 K-壳指标。式(3.10)中,前项表示节点之间的结构相似性,后项表示节点之间的位置相似性。由于两个节点之间的 K-壳指标相等或相近,则他们应该位于网络的相近位置,这样的节点被认为在位置上相似。位置相似性通过式(3.9)计算。显然,sim_loc 越大则节点位置越相似。式(3.9)中 ε 为一个平衡结构相似性和位置相似性的正参数,这里设置 $\varepsilon = 0.1$。其选择种子节点算法伪代码如算法 3.3 所示。

算法 3.3:选择 top-k 节点.

Input:$G <V,E>$,a list C of candidate nodes set,a int number k // k 是所需的种子节点数。

Output:A list S of seed nodes

1://初始化

2: $ks \leftarrow$ K-shell decomposition is performed to calculate the k-shell value of each node

3: $\mu = 0.5$,greedy_seed=[ ]

4: $k_1 = \lceil \mu * \text{lenth}(C) \rceil$, $k_2 = k - k_1$

5:heur_seeds $\leftarrow k_1$ nodes are selected through 式(**3.8**)

6:**For** node in C **do**

7: **If** node not in heur_seeds **do**

45

8:add node to greedy _ cand$_i$//greedy _ cand$_i$ 记录贪心阶段的候选节点。

9:**End If**

10:**End For**

11://贪心阶段

12:**While** len(greedy _ seed) <k_2 do

13: ⋯⋯. Same as CELF algorithm

14:**If** $(\sigma_2(S \cup v) - \sigma_2(S)) > (\sigma_1(S \cup u) - \sigma_1(S))$ **do** //$\sigma_{1,2}$ 分别是上一轮和后几轮节点的边际影响。u 是边际效应次于 v 的节点。

15:**If** $\forall u$ in (heur _ seeds ∪ greedy _ seed) satisfy $\dfrac{|N(u) \cap N(v)|}{|N(u)| + |N(v)|} + \varepsilon [1 - abs(ks(u) - ks(v))] <$ sim _ value **do**

16: greedy _ seed = greedy _ seed ∪ v

17:⋯⋯Same as CELF algorithm

18:**End If**

19:**End While**

20:$S \leftarrow$ heur _ seeds ∪ greedy _ seed

21:Return S

算法 3.3 中,算法 1~3 行对算法进行初始化,接着用度折扣算法选择部分 k_1 节点(第 5 行),最后用改进的 CELF 算法选择部分 k_2 节点(第 12~19 行),sim _ value 表示相似性阈值,两节点之间的相似性大于该相似性阈值,则认为他们是相似的。

3.4 实 验 设 置

3.4.1 数据集

本章使用了 6 个不同类型和规模的真实网络数据集①和平均度分别为 4、6 和 8 的由 200 个节点组成的合成网络,其真实网络统计特性如表 3.1 所列。在这 6 个真实网络数据集中:

(1) Inf-USAir 是一个美国航空网络,它由一个机场表示节点,两个机场之间

---

① https://networkrepository.com/

直飞的航线表示边;

（2）CEnew 是一个生物网络,描述的秀丽隐杆线虫代谢网络的边列表;

（3）Power 是一个无向、无权网络,描述了美国各个州电网的拓扑结构,每个节点代表一家电力公司,而它们之间的联系则由一系列边来表达;

（4）Hamster 是一个描述网站"www.hamsterster.com"的用户之间的友谊关系;

（5）Ca-GrQc① 网络是一个科学合作网络,表示的是论文的作者之间的科学合作;

（6）Router 是自治系统级别上互联网结构的对称快照。

每个实验网络的度分布和网络社区划分如图 3.5 所示。图中横坐标表示网络中节点的度,纵坐标表示节点度出现的频数,小图为网络的社区可视化结果。

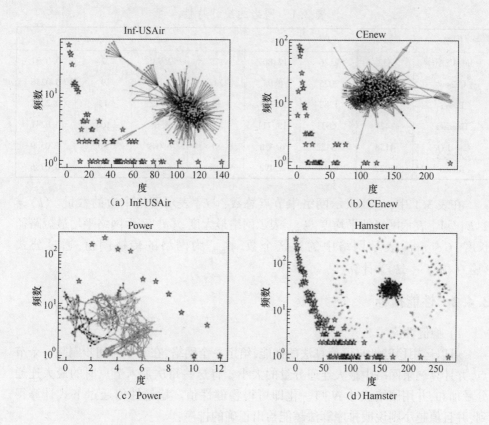

（a）Inf-USAir （b）CEnew

（c）Power （d）Hamster

---

① http://snap.stanford.edu/data/

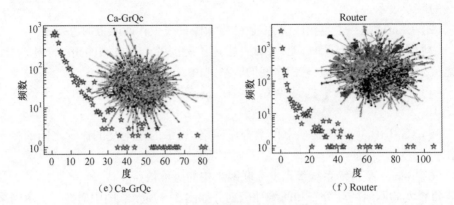

(e) Ca-GrQc　　　　　　　　　　　(f) Router

图 3.5　6 个实验网络的度分布(见彩图)

表 3.1　网络的统计特性

网络	$\|V\|$	$\|E\|$	$<k>$	k_{max}	$<d>$	C_num	β_{min}
Inf-USAir	332	2126	12.807	139	2.738	7	0.0231
CEnew	453	2025	8.94	237	2.664	9	0.0256
Power	685	1282	5.743	12	12.422	17	0.2778
Hamster	2426	16631	13.711	273	3.67	168	0.0241
Ca-GrQc	4158	13422	6.456	81	6.049	40	0.0589
Router	5022	6258	2.492	106	6.449	55	0.0786

在表 3.1 中,$\|V\|$ 表示网络中节点总数,$\|E\|$ 表示网络中边的数量。$\langle k \rangle = 2\|E\|/\|V\|$ 表示网络的平均度。k_{max} 表示网络最大度。$\langle d \rangle$ 表示网络平均最短路径长度。C_num 表示网络中的社区个数。β_{min} 为网络的传播阈值,通过公式 $\langle k \rangle / (\langle k^2 \rangle - \langle k \rangle)$ 计算。

3.4.2　性能指标

1) 稳健性值

可以运用稳健性来评价算法的性能,给定一个网络,在每个时间步删除一个节点,并计算剩余网络中最大连通分量的大小。将这些每次加入节点时的最大连通分量加和,并用网络大小 N 归一化即可得稳健性值。稳健性值通过下式计算得到,并且值越小则说明排序算法越能给出正确的排序:

$$R(v_1, v_2, \cdots v_n) = \frac{1}{n} \sum_{i=1}^{n} \frac{\sigma_{gcc}(G \backslash \{v_1, v_2, \cdots, v_n\})}{\sigma_{gcc}(G)} \qquad (3.11)$$

式中:n 为 G 中所有节点的数目,$\sigma_{gcc}(G)$ 为没有移除任何一个节点时网络的最大连通分量的大小，$\sigma_{\mathrm{gcc}}(G\backslash\{v_1,v_2,\cdots,v_n\})$ 为从网络中顺序移除集合 $K =$
$\{v_1,v_2,\cdots,v_k\}$ 中的节点后剩余网络中的巨大连通分量的大小。

2) 累积分布函数（CDF）

累积分布函数能完整描述一个随机变量 X 的概率分布，对于所有的实数 x，累积分布函数定义如下：

$$F_X(x) = P(X \leq x)\ )(for - \infty < x < + \infty)　　　　(3.12)$$

可以用 CDF 确定取自总体的随机观测值小于或等于特定值的概率。本章用 CDF 曲线来测量排序算法区分节点重要性的能力。

3) SIR 模型

SIR 模型是一种常见的描述传染病的扩散模型，其基本假设是将网络中的节点分为 3 类：①易感节点，指未被感染的但缺乏免疫能力的节点；②感染节点，这类节点是已经被感染的节点，在每个时间步可以以 β 的概率去感染邻居易感节点；③恢复节点，同样在每个时间步，每个感染节点会以 γ 的概率变为恢复状态，并且在之后不会参与感染和被感染过程。

SIR 模型常用来衡量节点的影响力规模。本章使用 SIR 模型来衡量选择的种子节点的最终感染规模。优秀的传播者能迅速达到高感染水平，其在 t 时刻感染规模 $F(t)$ 以及在感染过程中达到稳定状态的最终感染规模 $F(t_c)$ 可以表示为

$$F(t) = \frac{n_I(t) + n_R(t)}{n}　　　　(3.13)$$

$$F(t_c) = \frac{n_R(t)}{n}　　　　(3.14)$$

式中：$n_I(t)$ 表示 t 时刻感染节点的数量；$n_R(t)$ 表示 t 时刻恢复节点数量。

4) 平均最短路径长度

为了确保更广泛的覆盖范围，可以考虑所选择的种子节点散布在网络的各个部分。一般来说，选择的节点越分散即均匀散布在网络中，则节点之间的影响范围重叠度越小，可以期望的感染的范围就更大。通常可以用平均最短路径长度来判断节点的分散程度。

3.4.3 基线算法

以 6 种先进的算法作为基准算法，分别在稳健性实验和传播规模实验与提出的 CBGN 方法进行对比，其 6 种算法简要介绍如下。

（1）度中心性（Degree）：该算法选择最大的度作为种子节点，是一种简单的、直观的以及常用的标准算法。

（2）K-壳（K-shell）：通过 K-壳分解可以获得每个节点的 K-壳值，K-壳方法考虑了节点在网络中的位置关系。

（3）邻域核数（Neighborhood coreness，NC）：该方法是在 K-壳方法上的进一步改进，每个节点的邻域核数 $C_{nc}(v)$ 和扩展的邻域核数 $C_{nc+}(v)$ 计算如下：

$$C_{nc}(v) = \sum_{w \in N(v)} ks(w) \tag{3.15}$$

$$C_{nc+}(v) = \sum_{w \in N(v)} C_{nc}(w) \tag{3.16}$$

式中：$ks(w)$ 表示节点 w 的 K-壳值。

（4）PageRank：PageRank 算法作为计算机互联网网页重要度的算法被提出。即认为网页的重要性和它被其他重要的网页所链接的次数和质量有关。在 PageRank 算法中，网络中的每个节点（网页）都有一个权重值，该权重值表示网页的重要性。PageRank 算法计算每个节点的权重值，包括两个方面的影响因素，即被链接次数和被链接网页的权重值。

（5）ClusterRank：ClusterRank 算法不仅考虑了节点本身的影响力，还考虑了节点的聚类系数。它考虑了网络的局部信息，缺乏性能保障。

（6）BGN：该算法是从网络稳健性的角度去考虑节点重要性的，考虑了网络的全局信息。

3.5　实验结果及分析

3.5.1　稳健性分析

为了验证改进的反向生成网络算法的有效性，将 Imp _ BGN 与 6 种基线算法进行对比，分析其稳健性。好的排序算法应该具备更小的稳健性值，即 R 曲线下的面积越小。图 3.6 可视化了在 Inf-USAir 等 6 个真实网络中反向生成网络过程生成的 R 曲线，横坐标表示节点比例，纵坐标表示移除节点后网络巨大连通分量的大小。表 3.2 中给出了不同方法在 6 个真实网络的稳健性值 R。

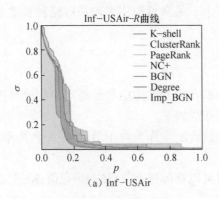

（a）Inf-USAir

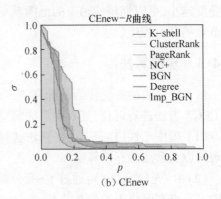

（b）CEnew

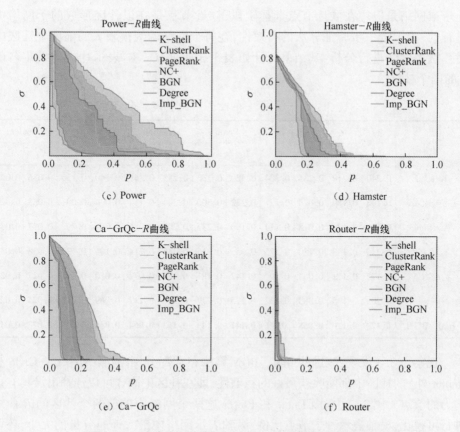

（c）Power 　　　　　　　　　　　（d）Hamster

（e）Ca-GrQc 　　　　　　　　　　（f）Router

图 3.6　6 个真实网络在不同方法下的 R 曲线(见彩图)

表 3.2　不同方法稳健性值 R

网络	Inf-USAir	CEnew	Power	Hamster	Ca-GrQc	Router
K-shell	0.1614	0.1873	0.4223	0.1815	0.2317	0.0285
ClusterRank	0.1181	0.1301	0.2115	0.1371	0.1051	0.0158
PageRank	0.1227	0.1229	0.2019	0.1421	0.1027	0.0135
NC+	0.1643	0.1623	0.3329	0.1692	0.2143	0.0202
BGN	**0.0899**	0.1171	0.0633	0.1045	0.0606	0.0076
Degree	0.1260	0.1200	0.2286	0.1384	0.1313	0.0121
Imp_BGN	0.0961	**0.0790**	**0.0431**	**0.0872**	**0.0538**	**0.0063**

　　从图 3.6 及表 3.2 中可以看出,除了在 Inf-USAir 网络中,Imp_BGN 相较于其他 6 种基线方法,其稳健性值 R 更小,并且在大部分网络上只需移除 20%以内的节点就可以造成网络几乎完全瓦解。由此可以说明,利用该方法可以很好地选择出候选节点,这些候选节点有助于维持网络稳定性及连通性。考虑到反

向生成网络是应用在候选节点选择阶段,候选节点是在以社区形成的子网络中进行的,为了进一步验证算法的有效性,在每个网络的规模较大的前两个社区中对算法稳健性进行分析,其结果统计如表 3.3 所列,C_1、C_2 表示社区规模排名前 2 的两个社区。

表 3.3　不同算法在社区中的稳健性值 R

网络	Inf-USAir		CEnew		Power		Hamster		Ca-GrQc		Router	
	C_1	C_2	C_1	C_2	C_1	C_2	C_1	C_2	C_1	C_2	C_1	C_2
K-shell	0.240	0.210	0.235	0.284	0.420	0.386	0.255	0.241	0.140	0.155	0.036	0.042
ClusterRank	0.196	0.149	0.078	0.127	0.272	0.300	0.204	0.114	0.074	0.091	0.035	0.029
PageRank	0.199	0.129	0.078	0.124	0.190	0.237	0.200	0.086	0.069	0.090	0.027	0.030
NC+	0.213	0.147	0.180	0.175	0.355	0.355	0.245	0.214	0.106	0.120	0.038	0.031
BGN	0.172	0.111	0.064	0.194	0.142	0.181	0.180	0.077	0.050	**0.052**	0.027	**0.027**
Degree	0.205	0.135	0.083	0.132	0.225	0.277	0.210	0.117	0.069	0.086	**0.025**	0.029
Imp_BGN	**0.170**	**0.110**	**0.058**	**0.09**	**0.141**	**0.149**	**0.163**	**0.064**	**0.049**	0.055	0.027	0.031

观察表 3.3 发现,改进的 Imp_BGN 算法在大部分网络(除网络 Ca-GrQc 和 Router 外)的社区中都能收获最好的稳健性,即在社区中同样可以选择出最具有影响力的节点。图 3.7 中对 CEnew 和 Power 这两个网络中的前两个社区的 R 曲线进行可视化,横轴表示种子节点比例,纵轴表示网络中最大连通分量的大小,还可以直观地看出,Imp_BGN 算法在社区中的稳健性值明显低于 BGN 算法和其他基线算法,并且在 Inf-USAir 网络的社区中也以微小优势胜过 BGN 算法。

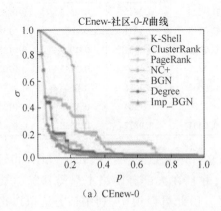

(a) CEnew-0

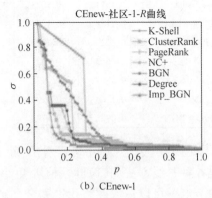

(b) CEnew-1

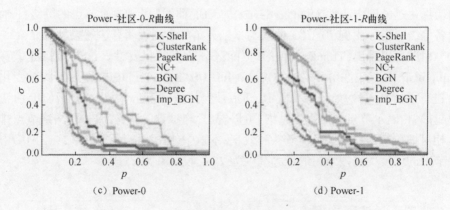

（c）Power-0　　　　　　　　　　（d）Power-1

图 3.7　两个真实网络社区中的 R 曲线(见彩图)

　　另外,之所以选择经过图遍历优化过的度中心性来辅助构建反向生成网络,相比于直接用度中心性来辅助构建更有效。这是因为度中心性经过图遍历框架优化过后变得更加细粒度。可以用分辨率来区分节点重要性的能力,这样的分辨能力可以通过累积分布函数 CDF 来衡量。图 3.8 给出了在 3 个网络中 Degree 和经图

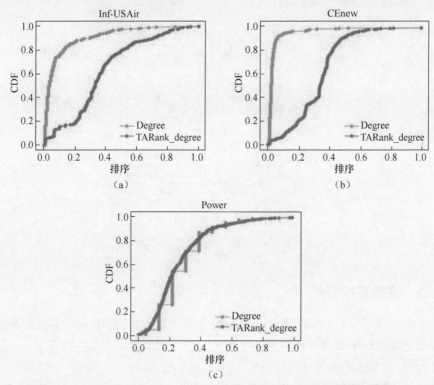

图 3.8　Degree 和 TARank _ degree 在 3 个网络上的 CDF 分布图(见彩图)

遍历优化过的度中心性 TRank＿degree 的 CDF 曲线。x 轴表示节点的等级，y 轴表示各等级所占的比例，其 CDF 曲线与 x 轴夹角越小则表明算法效果越好。

　　由图可以看出，TRank＿degree 更能区分节点的重要性。这更加验证了算法 Imp＿BGN 的有效性。对网络（CEnew，Inf-USAir，Power）中参数 k（k 从 1 变化到 4）进行了仿真实验，如图 3.9 所示，圆括号内的数字表示参数 k 的值，CDF 曲线画得越倾斜，表示节点有序程度越细，可以看出，当参数 k 设置为 3 时，网络节点排序是相对细粒度的。为了平衡效益和效率，本章中的网络 k 值设置为 2（当网络中某些节点的广度优先搜索树的最大高度为 2 时，设置 k 为 2）或 3。

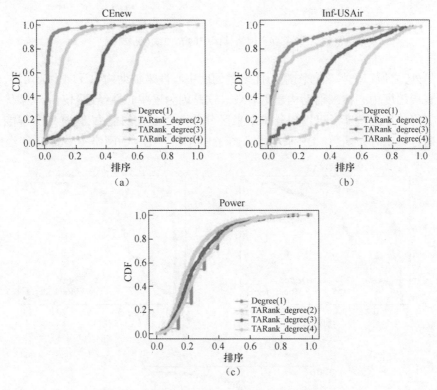

图 3.9　参数 k 比较（见彩图）

3.5.2　传播规模分析

　　为验证所提出的 CBGN 方法选择影响力节点的能力，选用 SIR 模型来衡量不同算法选择的种子节点的最终感染规模 $F(t_c)$。实验在 6 个真实网络和 3 个合成网络上进行，合成网络为平均度分别为 4、6 和 8 的 200 个节点的无标度网络。选取 β 应高于网络的传播阈值 $\beta_{\min}$，感染率设置为 $\lambda = \beta/\gamma$。由于模型存在随机性，实验结果通过对 1000 次独立实验求平均获得。选择的种子节点数量设置为网络规模的 3%。实验结果如图 3.10 所示,图中横坐标表示感染的时间 t,纵坐标 $F(t)$ 表示 t 时刻累积感染的节点数,并且 $F(t)$ 会随着时间的推移达到一个稳定值 $F(t_c)$。在更少的时间达到更大的 $F(t_c)$,则表明算法的性能更好。

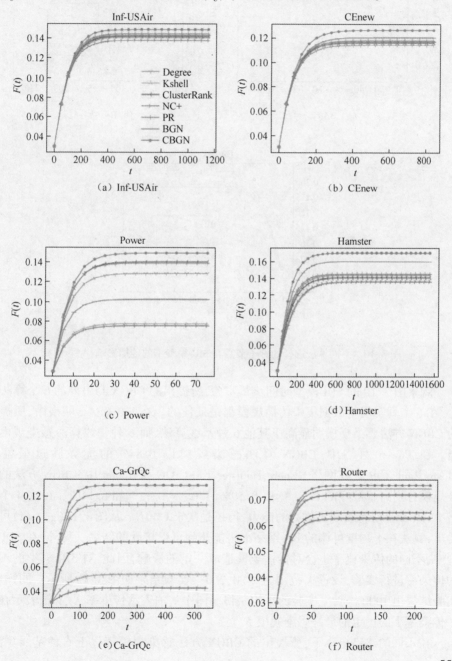

（a）Inf-USAir

（b）CEnew

（c）Power

（d）Hamster

（e）Ca-GrQc

（f）Router

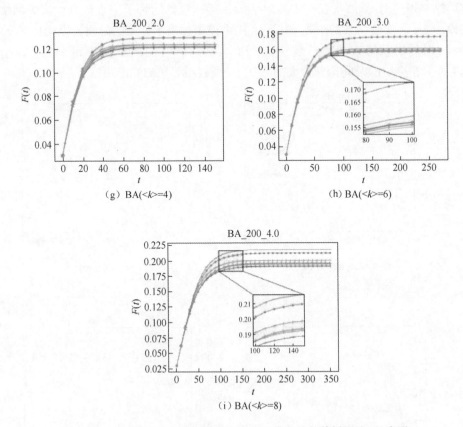

图 3.10　不同算法选择的种子节点在 SIR 模型下的传播影响（见彩图）

观察图 3.10 的 SIR 模型时间步长实验,所提出的 CBGN 与另外的 6 个算法相比,在 6 个真实网络数据集中传播规模都是最佳的。在 Inf-USAir 网络中,所提出的 CBGN 方法感染规模明显高于其他 6 种基线算法,而 6 种基线算法感染规模相当。在 Power 网络中,CBGN 算法感染规模以 0.84% 的优势胜过最好的 ClusterRank 算法。在网络 CEnew、Hamster、Ca-GrQC 和 Router 中,CBGN 方法的感染规模分别高于最好的 BGN 算法 0.59%、1.05%、0.71% 和 0.14%。在这 4 个网络中,BGN 算法都表现出优秀的能力,但还是次于 CBGN。从图 3.10(g)~(i)可以看出,算法在平均度可调的 BA 网络上也能达到可以接受的结果。另外,在 SIR 模型中,不同的传染概率也会对传播规模造成一定的影响,因此,对 SIR 模型的不同的传染率进行实验,设置 λ 范围为 [1.0,2.0],实验结果如图 3.11 所示。同样地,实验结果由 1000 次独立实验的平均获得。图中 x 轴表示传染率 λ ,y 轴表示在某一传染率下的稳定的最终感染规模 $F(t_c)$ 。

在不同的感染概率下,所提出的 CBGN 方法感染规模都优于 6 种基线算法。

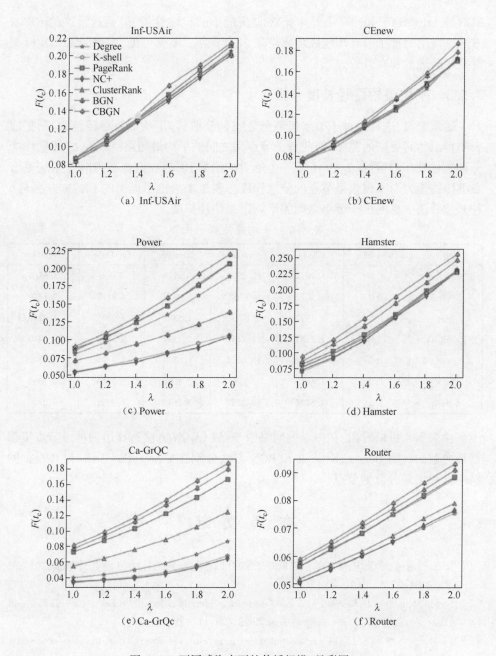

图 3.11　不同感染率下的传播规模(见彩图)

除在 CEnew 网络中,CBGN 方法与 BGN 算法表现相似,在其余网络中都以较大的优势胜过 BGN 算法。此外,在选择候选节点时,改进的反向生成网络算法 Imp _

BGN 在 Inf-USAir、Router 上并未始终收获最小的稳健性值,但通过最终的 CBGN 方法选择出的种子节点却能成功感染最多的节点。由此可见,构建的 CBGN 框架是循序渐进的和有效的。

3.5.3　平均最短路径长度分析

通常来说,选择的种子节点集节点之间越分散,即平均最短路径越大,则扩散影响可以达到更广的范围,因此种子节点集之间的平均最短路径长度 L_s 通常作为一种衡量好坏的指标。L_s 并不是一个绝对的指标,因为在选择节点时考虑的是节点的传播能力而不仅仅是节点的分散程度。表 3.4 给出了提出的 CBGN 方法与 6 种基线算法选择的种子节点之间的平均最短路径长度。

表 3.4　平均最短路径长度

网络	Inf-USAir	CEnew	Power	Hamster	Ca-GrQc	Router
Degree	1.0	1.3077	**12.3809**	1.6929	3.936	3.6381
K-shell	1.0	1.3077	9.7762	1.9958	**4.0117**	3.1819
NC+	1.0	1.2527	8.6714	1.5871	3.9745	3.0253
PageRank	1.1333	1.3187	11.2143	1.7393	3.3853	3.6440
ClusterRank	1.0	1.3187	10.6524	1.6541	2.9274	3.0640
BGN	1.0	1.4615	8.5381	2.1008	3.7463	**4.1390**
CBGN	**1.2**	**1.5275**	12.2857	**2.2618**	3.9821	4.0840

由表 3.4 可以看出,在一半的网络中,通过 CBGN 方法选择出的种子节点集都是最分散的。而 Degree、K-shell 和 BGN 方法分别在 Power、Ca-GrQc 和 Router 网络中选择出最分散的节点。

参 考 文 献

[1] 张琦,程苗苗,李荣华,等. 基于邻域 k-核的社区模型与查询算法[J]. 软件学报,2023,35 (3):2204-2226.

[2] Curado M,Tortosa L,Vicent J F. A novel measure to identify influential nodes:return random walk gravitycentrality[J]. Information Sciences,2023,628:177-195.

[3] Lei M,Liu L,Xiao F. Identify influential nodes in network of networks from the view of weighted information fusion[J]. Applied Intelligence,2023,53(7):8005-8023.

[4] Kumar S,Gupta A,Khatri I. CSR:Acommunity based spreaders ranking algorithm for influence maximization in social networks[J]. World Wide Web,2022,25(6):2303-2322.

[5] Liu Y,Wei X,Chen W,et al. A graph-traversal approach to identify influential nodes in a network [J]. Patterns,2021,2(9):100321-100324.

[6] Zhao Z, Li D, Sun Y, et al. Ranking influential spreaders based on both node k-shell and structural hole[J]. Knowledge-Based Systems, 2023, 260:1-19.

[7] Zhang Z, Li X, Gan C. Identifying influential nodes in social networks via community structure and influence distribution difference[J]. Digital Communications and Networks, 2021, 7(1):131-139.

[8] Kazemzadeh F, Safaei A A, Mirzarezaee M, et al. Determination of influential nodes based on the Communities' structure to maximize influence in social networks[J]. Neurocomputing, 2023, 534:18-28.

[9] Li Y, Lu T, Li W, et al. HCCKshell: A heterogeneous cross-comparison improved Kshell algorithm for Influence Maximization[J]. Information Processing & Management, 2024, 61(3):3-21.

第4章 基于图注意力的
复杂网络影响力最大化模型

本书第3章和第4章提出的基于网络结构和邻域覆盖的复杂网络影响力节点识别方法,这类方法寻找的是固定种子节点比例下可以影响的网络范围,不太适用于所有类型的网络,比较依赖于网络结构而忽略了节点自身属性。随着网络科学领域中图神经网络的逐渐兴起,本章也利用深度学习在影响力最大化研究方面进行了尝试。借助图遍历中心性和改进的图注意力网络提出了一种最小初始化传播节点集的影响力最大化框架 IMGAT。该框架通过大量的15个节点的合成网络上进行训练。模型以网络节点的图遍历中心性作为输入,以最优初始传播节点集的概率作为输出。在4个真实网络上的传播规模实验和最小传播节点集实验表明,所提出的框架可以在固定种子节点比例的情况下可以最大化传播规模,在固定感染规模的情况下可以最小化种子节点集的大小,提出的框架是合理的有效的。

4.1 相关研究工作

4.1.1 图注意力网络

图神经网络是继 CNN、GAN、NAS 等之后的一大研究热点,比较适用于图类数据。图注意力网络在传播过程中引入注意力机制,不像图神经网络对于同一个节点的不同邻居在卷积过程中使用相同的权重,图注意力网络则可以通过图注意力机制针对不同的邻居学习不同的权重,模型的直观表示如图 4.1 所示。图注意力网络可以看作由图注意力层简单堆叠而成。

假设图有 N 个节点,节点的 F 维特征集合可以表示为 $h = \{h_1, h_2, \cdots, h_N\}$,$h_i \in \mathbf{R}^F$,注意力层的目的是输出新的节点特征集合 $h' = \{h_1', h_2', \cdots, h_N'\}$,$h_i' \in \mathbf{R}^{F'}$,在这个过程中特征向量的维度可能会改变由 F 变为 F'。对于一个 N 节点的图,需要构造 N 个图注意力网络,因为每一个节点都需要对于其邻域节点训练相应的注意力。为了保留足够的表达能力,将输入特征转化为高阶特征,至少需要一个可学习的线性变换 $W \in \mathbf{R}^{F' \times F}$,计算节点 i 在节点 j 上的注意力值 $e_{ij} = a(Wh_i, Wh_j)$,其中 a 是一个待学习的向量,$a \in \mathbf{R}^{2F'}$,最后对于节点 i 的所有邻域节点求

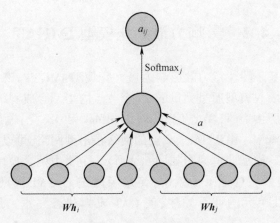

图 4.1　图注意力网络

得 e 后,利用 Softmax 完成注意力权重的归一化操作。具体计算过程如下:

$$e_{ij} = \text{LeakyReLU}(\boldsymbol{a}^{\text{T}}[\,\boldsymbol{Wh}_i\,||\,\boldsymbol{Wh}_j\,]) \tag{4.1}$$

$$\alpha_{ij} = \text{Softmax}(e_{ij}) = \frac{\exp(\text{LeakyReLU}(\boldsymbol{a}^{\text{T}}[\,\boldsymbol{Wh}_i\,||\,\boldsymbol{Wh}_j\,]))}{\sum_{j \in N_i} \exp(\text{LeakyReLU}(\boldsymbol{a}^{\text{T}}[\,\boldsymbol{Wh}_i\,||\,\boldsymbol{Wh}_j\,]))} \tag{4.2}$$

归一化所有节点的注意力权重后,就可以通过图注意力层进行节点的信息提取,最后的输出值为

$$\boldsymbol{h}_i' = \sigma\Big(\sum_{j \in N_i} \alpha_{ij} \boldsymbol{Wh}_j\Big) \tag{4.3}$$

引入多层注意力网络后,可以进一步调整公式为

$$\boldsymbol{h}_i' = \sigma\Big(\frac{1}{K}\sum_{k=1}^{K}\sum_{j \in N_i} \alpha_{ij}{}^{k} \boldsymbol{W}^k \boldsymbol{h}_j\Big) \tag{4.4}$$

4.1.2　信息熵

网络科学中的熵也从香农熵开始定义,给定一个离散随机变量 X,变量 X 中元素 x_i 取值为 $p_i(0 \leqslant p_i \leqslant 1)$, $i = 1,\cdots,n$, X 的信息熵 H 可以定义为

$$H(X) = -\sum_{i=1}^{n} p_i \log_b p_i \tag{4.5}$$

式中:对数的底 b 可以取 2、10、e。

给定一个有 N 个节点和 L 条连接的网络 $G(N,L)$,一个网络的信息熵可以定义为

$$E_i = -\sum_i I_i \log I_i = -\sum_i DC_i \log DC_i \tag{4.6}$$

式中: I_i 表示一个节点的重要性,通常用度中心性(DC)表示。

4.2 影响力最大化模型 IMGAT

本节提出了基于图注意力的影响力最大化模型 IMGAT,该模型主体由图卷积层和线性层组成。模型通过大量的 15 个节点的小型合成网络进行训练,其输入为节点的图遍历中心性、节点信息熵、VoteRank 和 K-壳,输出为节点属于最优传播节点集的概率。由于 15 个节点的网络是小型网络,可以通过暴力破解来为节点贴上标签。模型的框架图如图 5.2 所示,主要由两个模块组成:数据集生成和深度学习模型。对于图注意层,使用了改进的 GAT 模型 GATv2,调整了 LeakyReLu 和线性单元的计算顺序,使 GAT 成为动态注意。其注意力系数表示为

$$e(h_i, h_j) = \boldsymbol{a}^{\mathrm{T}} \mathrm{LeakyReLU}(\boldsymbol{W} \cdot [\boldsymbol{h}_i \| \boldsymbol{h}_j]) \tag{4.7}$$

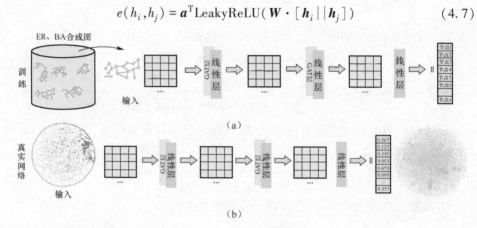

图 4.2 IMGAT 模型

4.2.1 训练数据集

该阶段处理模型所需要的训练数据,IMGAT 采用监督学习的方式进行训练,需要为模型准备大量标记样本。本章用 BA 模型和 ER 模型生成 300 个 15 个节点的合成网络进行模型训练。BA 模型的平均度分别为 4、8、12,ER 模型的随机连接概率分别为 0.2、0.4。对于网络中的每一个节点,计算节点的中心性以及拓扑特征来作为节点的特征。具体地,使用图遍历中心性以及邻域的卡方值,聚类系数,熵以及 K-shell 作为输入特征。输入中的卡方值 χ^2 表示为

$$\chi^2 = \frac{(o - e)^2}{e} \tag{4.8}$$

式中:o 为观察值(如度),e 为期望值(如平均度)。

在本章中训练集中的标签是通过暴力破解获得的,因为所有的网络都是15个节点的合成小型网络,可以通过穷举法得到所有的最优解。具体来说,每个节点的标签表示为它所属的最优传播集的数量的占比。最优传播集是指以该传播集为种子节点作为感染节点可以感染给定感染规模的种子集合。若存在一个最优的节点传播集,将集合中的所有节点标记为1,其余节点标记为0。若有ψ个最优集合,则将同属于多个集合的节点标记为1,属于部分r个集合的节点标记为r/ψ。很明显,若某个节点属于更多的最优传播集,则该节点就更重要。利用这些标记好的网络进行模型训练以学习一种节点聚合方式。

4.2.2 模型结构

本章中使用改进的图注意力模型 GATv2 来学习节点的特征,在改进的图注意力模型 GATv2 中第二层输入是 GATv2 层和线性层的输出之和。经过两层的卷积层后,使用一个全连接层输出降低输出维度为1,并通过一个激活层归一化输出值为[0~1],即输出每个节点属于最优传播节点的集的概率,以此来判断节点的重要程度。本章在 GAT 层的第一层和第二层,输入通道数分为 10 和 20。激活函数为 LeakyReLU,损失函数为均方差损失函数。

4.3 实验结果及分析

本章训练 IMGAT 模型花费了 10 轮,学习率设置为 0.001。使用 SIR 模型来模拟网络中的信息传播过程,最终的感染规模通过 1000 次实验的平均获得。训练集中 SIR 模型的感染率 u_t 设置为 $u_t/u_c \in [1,2]$,其中 $u_c = <k>/(<k^2>-<k>)$,这样模型的训练时间相对合理,且能达到有效的训练效果。

4.3.1 实验数据集

为了有效地验证模型的性能,本章在 6 个规模和结构不同的真实网络上进行了验证。①BA:1000 个节点的无标度网络;②Jazz:该网路记录制了 1912 年至 1940 年间演出的爵士乐队;③PGP:一个基于良好隐私算法的用户交互网络;④Sex:性活动网络,节点表示女性和男性,边表示两节点之间的联系;⑤USAir:2010 年美国机场之间的航班网络;⑥Router:路由器网络,节点表示路由器,边表示路由器之间的信息交互。网络的具体拓扑特性如表 4.1 所示。

表中 $|V|$ 表示节点数量,$|E|$ 表示边的数量,$<k>$ 表示网络平均度,k_{max} 表示网络最大度,$<c>$ 表示网络的平均聚类系数。Connected 表示网络是否连通,连通为 Yes,否则为 No。

表 4.1　网络拓扑属性

网络	$|V|$	$|E|$	$<k>$	k_{max}	$<c>$	Connected
BA	1000	9900	19.8	176	0.062	Yes
Jazz	198	2742	27.7	100	0.617	Yes
PGP	10680	24316	4.6	205	0.266	No
Sex	10680	39044	4.7	305	0	No
USAir	1574	17215	21.9	314	0.504	Yes
Router	5022	6258	2.492	106	0.011	Yes

4.3.2　SIR 模型分析

本章使用 SIR 模型对提出的 IMGAT 模型进行测试,通过固定种子比例来判断在不同感染率下,算法最终的感染规模情况。由于当感染率较小时,不能有效地进行感染,当感染率较大时,不能区分出节点的重要性,几乎可以感染整个网络,所以取 $u_t/u_c \in [1.5, 2.0]$。本章选择 H-index、K-shell、PageRank 和 Degree 作为基准方法。其实验结果如图 4.3 所示,y 轴表示最终感染规模。

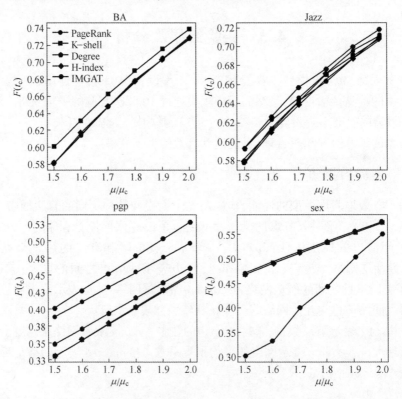

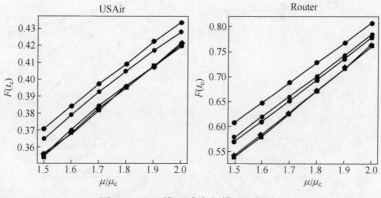

图 4.3　SIR 模型感染规模(见彩图)

从图 4.3 可以看出,当感染规模较小时,IMGAT 算法在大部分网络上都具有优良的性能,如 PGP 网络中,在感染概率为 2.0 时,IMGAT 方法要比最好的 Page-eRank 算法多感染约 4% 的节点,又或如在 Router 网络中,在感染概率为 1.5 时,IMGAT 方法最终的感染规模优于 PageRank 3% 左右。而在 BA 网络中,K-shell 表现最好,IMGAT 和其他算法性能相当。在 Sex 网络中,IMGAT 算法表现最差,这可能是因为 Sex 网络的平均聚类系数较小,节点分布稀疏,较难感染,但随着感染率的增加,IMGAT 感染规模迅速增长,与其他算法的差距逐渐减少。

4.3.3　最小种子节点集分析

为了更有力地验证模型的训练效果,本章比较了在不同感染率下,当满足感染规模大于 80% 时,所需的最小种子节点集占比,其实验结果如图 4.4 所示,y 轴表示所需的最小种子节点集占比。

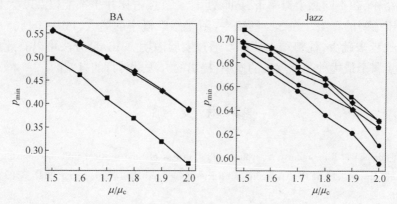

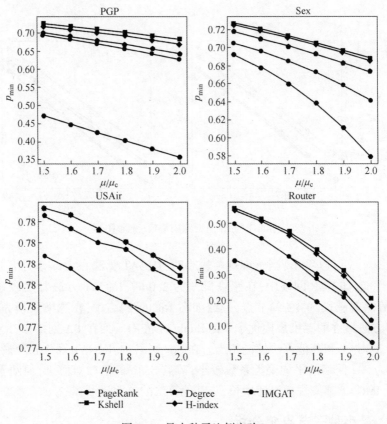

图4.4　最小种子比例实验

从图4.4中可以看出,除了 BA 网络外,在给定感染率下,IMGAT 都能以最小的种子节点集达到80%以上的感染规模。尤其在 PGP、Sex 和 Router 网络。在 PGP 网络中,在不同感染概率下,IMGAT 种子节点占比几乎都能以 23%及以上的优势优于最好的算法。在 Sex 网络中,随着感染概率的增大,IMGAT 所需的种子节点占比越来越少,优势增加明显。通过实验表明,IMGAT 方法可以有效地判断网络节点属于最优种子节点集的概率,提出的方法是可行的有效的。

参 考 文 献

［1］Ali J,Babaei M,Chakraborty A,et al. On the fairness of time-critical influence maximization in social networks［J］. IEEE Transactions on Knowledge and Data Engineering,2021,35(3):2875-2886.

［2］Li W,Zhong K,Wang J,et al. A dynamic algorithm based on cohesive entropy for influence maximization in social networks[J]. Expert Systems with Applications,2021,169:1-11.

[3] Wang Z,Sun C,Xi J,et al. Influence maximization in social graphs based on community structure and node coverage gain[J]. Future Generation Computer Systems,2021,118:327-338.

[4] Qin X,Zhong C,Yang Q. An influence maximization algorithm based on community-topic features for dynamic social networks[J]. IEEE Transactions on Network Science and Engineering,2021,9 (2):608-621.

[5] Huang H,Meng Z,Shen H. Competitive and complementary influence maximization in social network:A follower's perspective[J]. Knowledge-Based Systems,2021,213:106600-106621.

[6] Li W,Hu Y,Jiang C,et al. ABEM:An adaptive agent-based evolutionary approach for influence maximization in dynamic social networks[J]. Applied Soft Computing,2023,136:1-14.

[7] Zhu X,Zhang Y,Wang J,et al. Graph-enhanced and collaborative attention networks for session-based recommendation[J]. Knowledge-Based Systems,2024,111509:1-10.

[8] Yang S,Du Q,Zhu G,et al. Neural attentive influence maximization model in social networks via reverse influence sampling on historical behavior sequences [J] . Expert Systems with Applications,2024,123491:1-15.

[9] Chen B L,Yuan B,Jiang W X,et al. Research on epidemic spread model based on cold chain input[J]. Soft Computing,2023,27:2251-2268.

[10] Ma W,Zhang P,Zhao X,et al. The coupled dynamics of information dissemination and SEIR-based epidemic spreading in multiplex networks[J] .Physica A:Statistical Mechanics and its Applications,2022,588:126558-126562.

第 5 章 基于时空注意力异构图卷积神经网络的用户转发预测行为分析

本章主要介绍所提出模型的详细原理。首先简单进行问题描述。其次介绍了该模型的框架图,并对模型每个部分进行详细说明。接着通过多组对照实验、消融实验以及参数调优实验来验证了所提模型的有效性。最后在本章最后对该模型进行简要总结。

5.1 图卷积神经网络

图卷积神经网络(Graph Convolutional Network,GCN)是一种用于处理图结构数据的深度学习模型,传统的卷积神经网络(Convolutional Neural Network,CNN)是针对图像等网格状数据设计的,而 GCN 是专门为图形数据设计的。例如,复杂网络、蛋白质相互作用网络等,这些数据可以表示为图形,其中节点表示对象,边表示对象之间的关系。与 CNN 一样,GCN 通过学习局部特征来构建全局特征,但是它使用图卷积操作而不是传统的卷积操作,它可以在节点级别和图级别上对数据进行学习和表示。GCN 是一种基于图信号处理和卷积神经网络的模型,是将卷积神经网络的思想推广到了图上。

5.1.1 图数据表示

在介绍 GCN 的基本原理之前,要先了解一下图形数据的表示方式。在传统的深度学习中,数据通常表示为张量(Tensor),例如图像可以表示为三维张量(宽度、高度和通道),而文本可以表示为二维张量(长度和嵌入向量的维度)。但是,对于图形数据,没有这样的固定结构。图形可以由节点(Nodes)和边(Edges)组成,每个节点可以与其他节点通过边相连,这样就形成了一个复杂的结构。因此,需要一种新的数据表示方式来处理图形数据。

图形可以表示为邻接矩阵(Adjacency Matrix)和特征矩阵(Feature Matrix)。邻接矩阵是一个二维矩阵,用于描述图形中节点之间的连接关系。如果节点 v_i 和节点 v_j 之间有连接,则邻接矩阵的第 i 行第 j 列为 1,否则为 0。特征矩阵是一个二维矩阵,用于描述每个节点的特征。例如,如果节点 v_i 的特征是一个长度为 n 的向量,那么特征矩阵的第 i 行就是这个向量。通过这种方式,图形可以被表示为一个二元组 (A,X),其中 A 是邻接矩阵,X 是特征矩阵。

5.1.2 图卷积神经网络

图卷积神经网络是一种用于图像和图数据的深度学习模型。其基本思路是通过定义合适的聚合函数 f,对于每个节点 v_i,将自身的特征 x_i 和邻居节点的特征 $x_j(j \in N(v_i))$ 聚合在一起,作为节点 v_i 新的特征表达。

在图卷积神经网络中,学习节点表示的步骤如图 5.1 所示。假设将第 l 层的输出表示为 $H^{(l)}$,则将初始节点特征表示为 $H^{(0)}$,那么图卷积神经网络中每一层的输出可以表示为

$$H^{(l+1)} = f(H^{(l)},A) \tag{5.1}$$

式中:A 为图的邻接矩阵;f 为聚合函数;$H^{(l)}$ 为第 l 层的节点特征表示;$H^{(l+1)}$ 为第 $l+1$ 层的节点特征表示。

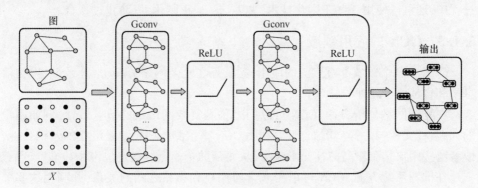

图 5.1　图卷积神经网络的基本结构

在每一层中,节点特征表示会根据邻居节点的特征进行更新,因此,每一层都可以看作是对节点表示的一次"卷积"操作。这种操作类似于卷积神经网络中的卷积操作,所以称为图卷积操作。与传统的卷积神经网络不同,图卷积神经网络需要对邻接矩阵进行处理,以便在每一层中使用。这通常包括对邻接矩阵进行归一化或正则化,以消除节点度数带来的影响,同时增加模型的稳健性和泛化能力。

图卷积神经网络是一种广泛应用于图像、语音、自然语言处理等领域的神经网络模型。对于图卷积神经网络,通常可以将其划分为基于谱的图卷积神经网络与基于空间的图卷积神经网络。

基于谱的图卷积神经网络,是通过利用图信号处理的知识在频域中实现图卷积的操作。在这种方法中:首先将图表示为拉普拉斯矩阵;然后通过对拉普拉斯矩阵进行傅里叶变换,将图卷积操作转化为频域上的点乘操作。这种方法能够较好

地处理频域上的信号,但需要对整个图进行傅里叶变换,计算量较大。

而基于空间的图卷积神经网络则是从节点域出发,利用定义的聚合函数,将每个中心节点和其邻居节点聚合起来。这种方法的核心是聚合函数的设计。常见的聚合函数包括 Max pooling、Mean pooling、Sum pooling 等。这种方法能够更加高效地计算图卷积操作,同时聚合函数的设计也能够更好地适应不同的任务需求。

GCN 的训练过程可以被视为一种半监督学习,其中一部分节点带有标签,另一部分节点不带标签。训练过程的目标是将标签预测与真实标签尽可能接近。为了实现这一目标,GCN 使用交叉熵作为损失函数,用来度量预测标签与真实标签之间的距离。

在 GCN 中,训练数据通常划分为 3 个部分:训练集、验证集和测试集。训练集用于训练模型的参数,验证集用于调整模型的超参数,测试集用于评估模型的性能。GCN 的训练过程通常使用反向传播算法来更新权重矩阵,以最小化损失函数。具体来说,可以使用随机梯度下降(SGD)或其变体来更新权重矩阵。在训练过程中,还可以使用一些正则化技术,如 L_1 或 L_2 正则化,以防止过拟合。

5.1.3　GCN 的应用领域

GCN 在各个领域都有广泛的应用,尤其是在复杂网络分析、推荐系统、生物信息学和自然语言处理等领域。

在复杂网络分析方面,GCN 可以用来预测复杂网络中的节点属性,例如用户的兴趣、社交影响力等。例如,可以利用 GCN 来预测哪些用户是潜在的营销目标,或者哪些用户具有较高的社交影响力,从而帮助企业更好地定位市场和推广产品。

在推荐系统方面,GCN 可以用来学习用户和物品之间的关系,并利用这些关系来推荐相关的物品。例如,可以利用 GCN 来将用户和物品表示为图上的节点,然后通过卷积操作来学习它们之间的关系,并最终生成个性化的推荐列表。

在生物信息学方面,GCN 可以用来分析蛋白质分子之间的相互作用关系,并预测它们的性质和功能。例如,可以利用 GCN 来学习蛋白质分子之间的结构和相互作用模式,从而预测它们的生物活性和药物效果。

在自然语言处理方面,GCN 可以用来学习句子和文档之间的语义关系,并实现自然语言理解和生成任务。例如,可以利用 GCN 来将文本表示为图上的节点,并通过卷积操作来学习单词之间的语义关系,从而提高文本分类、情感分析等自然语言处理任务的性能。

除此之外,GCN 还可以应用于其他领域,例如图像分类、物体识别等领域,可以将图像分割成像素级的节点,然后利用 GCN 学习像素之间的关系,以提高图像分类和物体识别的性能。

5.2　长短期记忆递归神经网络

长短期记忆递归神经网络(LSTM)是一种深度学习模型,广泛应用于自然语言处理、语音识别和时间序列预测等领域。相较于传统的递归神经网络(RNN),LSTM 能够有效地解决梯度消失和梯度爆炸的问题,并能够自动学习输入序列的长期依赖关系。本章将详细介绍 LSTM 的基础理论知识。

5.2.1　RNN

在介绍 LSTM 之前,需要了解传统递归神经网络(RNN)的问题。RNN 在处理序列数据时,将当前时刻的输入和上一时刻的隐藏状态通过一个权重矩阵相乘并加上偏置项,然后通过一个激活函数(通常是 tanh)得到当前时刻的隐藏状态。这个隐藏状态会传递给下一时刻作为输入,以此类推,最终得到整个序列的隐藏状态序列。图 5.2 所示为 RNN 的链式结构示意图(单个 tanh 层)。

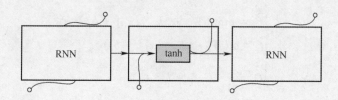

图 5.2　RNN 的链式结构图

虽然 RNN 在处理序列数据时非常有效,但是它存在一个重要问题:梯度消失和梯度爆炸。在 RNN 的反向传播过程中,梯度信息需要从后往前传递,以更新每个时刻的权重矩阵。但是,由于链式求导的原因,每次求导都需要将上一时刻的梯度与当前时刻的权重矩阵相乘,这样就会导致梯度信息在传递过程中指数级地衰减或者增长。这个问题会使得 RNN 在处理长序列数据时,无法学习到长期依赖关系,因为随着时间的推移,梯度信息变得越来越微弱,无法对前面的状态产生影响。为了解决这个问题,一些改进的递归神经网络结构被提出,其中最重要的一种就是LSTM。

5.2.2　LSTM 的结构

LSTM 最初由 Hochreiter 和 Schmidhuber 于 1997 年提出,基本结构包括输入门、遗忘门、输出门和细胞状态。图 5.3 为 LSTM 的链式结构示意图。LSTM 中的每个门都由一个 sigmoid 激活函数来控制,它们的输出值在 0 到 1 之间,用来决定哪些信息需要被传递或者忽略。

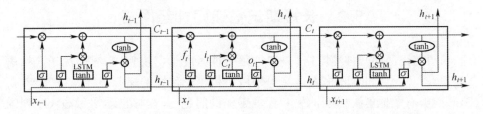

图 5.3 LSTM 的链式结构图

1）输入门

LSTM 的输入门决定了哪些信息需要被输入到细胞状态中。它根据当前的输入和前一个时刻的隐藏状态来计算一个 sigmoid 函数，这个函数的输出值表示保留多少当前输入的信息。同时，还会计算一个 tanh 函数，这个函数的输出值表示当前输入的候选值。然后，将这两个值相乘，得到需要输入到细胞状态中的信息。LSTM 的输入门的公式如下：

$$\begin{cases} i_t = \sigma(W_i \cdot [h_{t-1}, x_t] + b_i) \\ \widetilde{C}_t = \tanh(W_C \cdot [h_{t-1}, x_t] + b_C) \\ f_t = \sigma(W_f \cdot [h_{t-1}, x_t] + b_f) \\ C_t = f_t * C_{t-1} + i_t * \widetilde{C}_t \end{cases} \tag{5.2}$$

式中：i_t 为输入门的输出；$\widetilde{C}_t$ 为当前时刻的候选值；f_t 为遗忘门的输出；C_t 为细胞状态的输出；W_i、W_C、W_f、b_i、b_C 和 b_f 为对应的权重和偏置项；$*$ 为逐元素乘积。

2）遗忘门

LSTM 的遗忘门决定了哪些信息需要从细胞状态中遗忘。它同样根据当前的输入和前一个时刻的隐藏状态来计算一个 sigmoid 函数，这个函数的输出值表示保留多少当前细胞状态中的信息。然后，将这个值乘以上一个时刻的细胞状态，得到需要保留的细胞状态。LSTM 的遗忘门的公式如下

$$\begin{cases} f_t = \sigma(W_f \cdot [h_{t-1}, x_t] + b_f) \\ C_t = f_t * C_{t-1} + i_t * \widetilde{C}_t \end{cases} \tag{5.3}$$

式中：f_t 为遗忘门的输出；C_t 为细胞状态的输出。

3）输出门

LSTM 的输出门决定了从细胞状态中输出哪些信息。它根据当前的输入和前一个时刻的隐藏状态来计算一个 sigmoid 函数，这个函数的输出值表示保留多少当前细胞状态中的信息。同时，还会计算一个 tanh 函数，这个函数的输出值表示当前细胞状态的候选输出。然后，将这两个值相乘，得到需要输出的信息。LSTM 的输出门的公式如下：

$$\begin{cases} o_t = \sigma(W_o \cdot [h_{t-1}, x_t] + b_o) \\ h_t = o_t * \tanh(C_t) \end{cases} \tag{5.4}$$

式中：o_t 为输出门的输出；h_t 为当前时刻的隐藏状态的输出；C_t 为当前时刻的细胞状态的输出；W_o 和 b_o 为对应的权重和偏置项。

5.2.3 LSTM 优势

LSTM 相较于传统的 RNN 有以下优势。

（1）解决了梯度消失和梯度爆炸的问题。由于 LSTM 的信息流不断地被筛选、选择和遗忘，不会出现信息传递过程中出现梯度消失或梯度爆炸的问题，使得 LSTM 在长期依赖任务中表现出色。

（2）LSTM 可以灵活地选择哪些信息需要保留，哪些信息需要遗忘，哪些信息需要输出。这种灵活性使得 LSTM 在处理序列数据时能够准确地捕捉到数据中的重要信息。

（3）LSTM 可以处理不同时间步长之间的数据依赖关系。由于 LSTM 具有长期记忆功能，因此，可以在处理时间序列数据时捕捉到时间序列之间的依赖关系，从而更好地处理序列数据。

（4）LSTM 可以处理多个时间序列输入和多个时间序列输出。由于 LSTM 中细胞状态和隐藏状态都是向量形式的，因此，可以轻松处理多个时间序列输入和多个时间序列输出的情况。

5.2.4 LSTM 应用

（1）语音识别

语音识别是指将语音信号转换为文本的过程，是自然语言处理中的重要问题。LSTM 在语音识别中可以用来对声学特征序列进行建模，从而得到音素或字的序列。LSTM 的长期记忆功能可以帮助捕捉音素之间的依赖关系，提高语音识别的准确率。

（2）机器翻译

机器翻译是指将一种语言的文本转换为另一种语言的文本的过程。LSTM 在机器翻译中可以用来对输入的源语言句子进行建模，从而得到目标语言的翻译。LSTM 的长期记忆功能可以帮助捕捉源语言和目标语言之间的依赖关系，提高翻译的准确率。

（3）图像描述

图像描述是指根据输入的一张图像生成对应的文字描述的过程。在图像描述中，长短期记忆递归神经网络（LSTM）可用来对图像的特征序列进行建模，以生成对应的文本描述。通过将图像的特征序列作为输入，LSTM 可以生成相应的文本序列,从而实现图像描述的功能。

(4) 文本生成

文本生成是指根据给定的文本片段生成新的文本的过程。LSTM 在文本生成中可以用来对文本序列进行建模,从而生成新的文本。通过将前面生成的文本片段作为输入,LSTM 可以生成新的文本片段,实现文本生成的功能。

(5) 时间序列预测

时间序列预测是指根据过去的数据预测未来的数据的过程。在时间序列预测中,LSTM 可用于对过去的数据序列进行建模,以此来预测未来的数据。通过将历史数据序列作为输入,LSTM 可以预测未来的数据,实现时间序列预测的功能。

5.3 注意力机制

在深度学习领域中,注意力机制(Attention Mechanism)是一种关键的技术。它的出现是一种重大的突破,它使得机器学习模型可以自动地关注并挑选出与当前任务相关的信息,避免了冗余和无用信息的影响,提升了模型的性能和效率。本章将详细介绍注意力机制的实现原理,包括注意力机制的基本概念、注意力模型的演进历程、基于注意力机制的模型实现方式以及应用案例分析等方面,旨在为读者提供全面而深入的了解。

5.3.1 注意力机制的基本概念

Google Mind 团队首次使用基于注意力机制的 RNN,在图像分类效果得到很大提高。注意力机制(Attention Mechanism)最初是由 Bahdanau 等人在 2014 年的论文《Neural Machine Translation by Jointly Learning to Align and Translate》中提出的。它是一种模拟人类视觉或听觉过程的模型,可以自动地关注并挑选出与当前任务相关的信息。

在传统的神经网络模型中,输入和输出之间是一对一的映射关系,即每个输入都会对应一个输出。但是,在现实任务中,输入往往包含大量的信息,而输出仅仅需要这些信息的一部分,因此必须找到一种方法来挑选出这些信息。在这种情况下,注意力机制就可以派上用场了。

5.3.2 注意力模型的演进历程

自从 Bahdanau 等人提出注意力机制以来,它已经在自然语言处理、计算机视觉和语音识别等领域中得到了广泛应用。同时,也出现了许多不同类型的注意力模型。下面将简要介绍几种常见的注意力模型。

Soft Attention 是一种传统的注意力机制。在该机制中,每个输入信息都会受到关注,并计算相应的注意力权重,权重取值范围为[0,1]。这种机制的模型是可微的,因此可以使用反向传播算法进行训练。

Hard Attention 是一种注意力机制,在这种机制下,权重值是通过随机过程来确定的,不是每个输入信息都会被注意,而是部分信息会被忽略,权重的取值为 0 或 1。由于这种机制的模型不可导,因此不能使用传统的反向传播算法进行训练。

相比之下,Hard Attention 更加符合人类注意力的特点,能够在处理大规模数据时更快速地找到关键信息。然而,由于 Soft Attention 的模型是平滑可微的,目前研究多数是使用 Soft Attention。在实际应用中,使用哪种机制需要根据具体的情况来决定。如果处理的数据量较小,或者想要更好的可解释性,可以选择使用 Soft Attention。如果处理的数据量较大,或者想要更快速地找到关键信息,可以选择使用 Hard Attention。

自注意力机制(Self-Attention)是一种特殊的注意力模型,它是 Transformer 模型的核心组成部分。这种模型可以将输入序列中的每个元素都视为查询、键和值,通过计算它们之间的相似度来计算注意力权重,然后将注意力权重与值进行加权求和,得到输出序列。自注意力机制可以捕捉序列中任意两个位置之间的关系,因此,在自然语言处理领域中得到了广泛应用。

多头注意力(Multi-Head Attention)是一种将自注意力机制扩展到多个头的模型。这种模型会将输入序列分别作为查询、键和值,并使用多个注意力头来计算注意力权重。每个注意力头都可以学习不同的关注方向和注意力权重,从而捕捉序列中不同类型的信息。多头注意力可以提高模型的表现力和泛化能力,因此在 Transformer 模型中得到了广泛应用。

5.3.3　注意力机制的原理

注意力机制是一种常用于机器学习和自然语言处理任务中的模型,它能够帮助模型聚焦于输入序列中最相关的部分,并且能够根据不同的任务对输入序列进行加权求和。注意力机制的计算过程可以分为两个步骤:计算每个输入信息的注意力权重和根据权重计算输入信息的加权平均。

(1)计算每个输入信息的注意力权重

注意力机制的第一步是计算每个输入信息的注意力权重。为了实现这个目标,需要引入一个查询向量 q。查询向量 q 是一个向量,其维度通常与输入信息的维度相同,但是具体的取值通常根据不同的任务而变化。在计算注意力权重的时候,需要计算查询向量 q 与每个输入信息 $x_i(1 \leqslant i \leqslant n)$ 之间的相关性或相似性。

这个过程可以通过一个打分函数 $score(q, x_i)$ 来实现。打分函数的作用是将查询向量 q 与输入信息 x_i 之间的关系映射为一个得分。在自然语言处理中,通常使用点积、加性、和双线性等方式来计算打分函数。

点积方式的计算公式为

$$\text{score}(\boldsymbol{q}, \boldsymbol{x}_i) = \boldsymbol{q}\boldsymbol{x}_i \tag{5.5}$$

式中：$\boldsymbol{q}$ 和 $\boldsymbol{x}_i$ 为向量。

点积方式计算简单、高效，因此，在很多场景下广泛使用。不过，点积方式有一个缺点，就是无法考虑到两个向量之间的缩放因子，故此可能会导致得分偏大或偏小。

加性方式的计算公式为

$$\text{score}(q, x_i) = \boldsymbol{w}_v^{\text{T}} w_v (\boldsymbol{W}_q q + \boldsymbol{W}_x \boldsymbol{x}_i) \tag{5.6}$$

式中：$\boldsymbol{W}_q$ 和 $\boldsymbol{W}_x$ 为可学习的参数矩阵；$\boldsymbol{v}$ 为可学习的参数向量，使用 tanh 激活函数。加性方式能够克服点积方式的缺点，因为它可以学习每个维度上的缩放因子，从而更加准确地计算得分。

双线性方式的计算公式为

$$\text{score}(\boldsymbol{q}, \boldsymbol{x}_i) = \boldsymbol{q}^{\text{T}} \boldsymbol{W} \boldsymbol{x}_i \tag{5.7}$$

式中：$\boldsymbol{W}$ 为可学习的参数矩阵。双线性方式的计算公式最为灵活，因为它可以学习任意形式的关系映射。

计算得分之后，需要将得分结果进行归一化，从而得到每个输入信息的注意力权重。通常使用 Softmax 函数来实现归一化，计算公式为

$$a_i = \text{Softmax}(\text{score}(\boldsymbol{q}, \boldsymbol{x}_i)) = \frac{\exp(\text{score}(\boldsymbol{q}, \boldsymbol{x}_i))}{\sum_{j=1}^{n} \exp(\text{score}(\boldsymbol{q}, \boldsymbol{x}_j))} \tag{5.8}$$

式中：exp 为自然指数函数；$\sum$ 为对所有输入信息的得分结果求和。这个计算公式将得分结果转换为概率分布，从而得到每个输入信息的注意力权重。注意力权重 a_i 的值越大，表示输入信息 x_i 越重要，模型在计算输出时会更加关注这个输入信息。

（2）根据权重计算输入信息的加权平均

计算得到每个输入信息的注意力权重之后，就可以根据权重计算输入信息的加权平均，从而得到最终的输出结果。具体来说，对于一个长度为 n 的输入序列 $X = (x_1, x_2, \cdots, x_n)$，其注意力机制的输出结果 Y 可以表示为

$$Y = \text{attention}(\boldsymbol{q}, \boldsymbol{x}_i) = \sum_{i=1}^{n} \alpha_i \boldsymbol{x}_i \tag{5.9}$$

式中：α_i 为第 i 个输入信息的注意力权重；x_i 为第 i 个输入信息的向量表示。式 (5.9) 将每个输入信息 x_i 乘以对应的注意力权重 α_i，然后将所有结果相加，从而得到最终的输出结果 Y。

注意力机制可以被应用于许多不同的机器学习和自然语言处理任务中，例如机器翻译、语音识别、文本分类等。在每个任务中，查询向量 $\boldsymbol{q}$ 和打分函数 score 的具体计算方式可能会有所不同，但是注意力机制的基本原理和计算过程是相似的。

通过注意力机制,模型能够更加精确地捕捉输入序列中的相关信息,从而提高任务的准确率和效率。

5.3.4　注意力模型的应用

注意力模型已经被广泛应用于自然语言处理、计算机视觉和语音识别等领域。下面将简要介绍一些典型的应用。

（1）机器翻译

机器翻译是自然语言处理领域的一个重要任务,它的目标是将一段文本从一种语言翻译成另一种语言。在机器翻译任务中,注意力模型可以帮助模型更准确地理解输入文本,并选择与当前输出相关的信息。Bahdanau 等人提出的注意力机制已经被广泛应用于机器翻译任务中,取得了优异的性能。

（2）图像描述

图像描述是计算机视觉领域的一个重要任务,它的目标是将一张图片转化为一段自然语言描述。在图像描述任务中,注意力模型可以帮助模型更准确地关注图片中与当前输出相关的部分。Xu 等人提出的注意力模型已经广泛应用于图像描述任务中,取得了优异的性能。

（3）语音识别

语音识别是语音信号转换为文本的过程。在语音识别任务中,注意力机制可以帮助模型更准确地关注与当前输出相关的声学特征。Chorowski 等人提出的注意力模型已经被广泛应用于语音识别任务中,取得了优异的性能。

（4）阅读理解

阅读理解是自然语言处理领域的一个重要任务,它的目标是从一篇文章中回答一些问题。在阅读理解任务中,注意力模型可以帮助模型更准确地关注与当前问题相关的部分。Seo 等人提出的注意力模型已经广泛应用于阅读理解任务中,取得了优异的性能。

5.4　问 题 描 述

给定一个用户集(节点集) $V = \{v_1, v_2, v_3, \cdots v_N\}$ 和一个信息集 $M = \{m_1, m_2, m_3, \cdots m_K\}$,这里 N 指用户的个数,K 表示信息的个数,假设信息 m 在节点 V 之间传播。本章将每条信息看做一个文件,信息在用户之间的传播可以看做节点不断被激活的过程。信息 d_m 的扩散过程可以记录为 $d_m = \{d_1^k, d_2^k, d_3^k, \cdots d_{N_m}^k\}$,其中 N_m 表示消息 m_K 的级联数,亦扩散序列的最大长度。t_c^k 表示某用户转发信息 d_k 的时刻是 t_c ,转发集 $d_c^k = \{(v_c^k, t_c^k) \mid v_c^k \in V, t_c^k \in [0, +\infty)\}$ 是个元组,表示用户 v_c 在 t_c^k 时

刻转发或发布了信息 m_k。为了将时间序列考虑在信息预测之中,假设某个节点只能被激活一次,信息扩散过程如图 5.4 所示。

图 5.4(a)是信息 m_1、m_2、m_3 的传播过程,消息 m_1 的传播过程可以表示为 $\{(v_1,t_1^1),(v_2,t_2^1),(v_3,t_3^1),\cdots\}$,即用户 v_1 在 t_1^1 时刻转发信息 m_1,用户 v_2 在 t_2^1 时刻转发信息 m_1,用户 v_3 在 t_3^1 时刻转发信息 m_1。图 5.4(b)上方是用户的社交关系影响力图,下方是用户扩散行为图,根据已有的行为图和影响力图预测某一个用户的行为或某条信息的传播趋势。黑色实线表示当 t 时刻时用户的行为图,红色虚线描述的是用户 v_5 在 t 时刻信息的基础上,t' 时刻可能发生的转发行为和可能感染的用户节点。

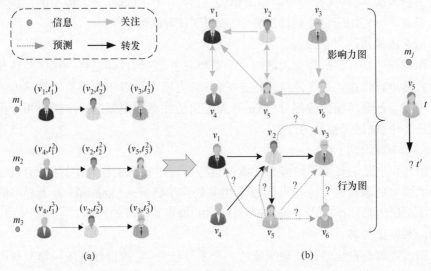

图 5.4 信息扩散过程

信息扩散预测是根据第 t 时刻的扩散情况,结合其他因素对 $t+1$ 时刻的信息扩散情况进行预测。本章是根据已知 t 时刻信息在用户之间的传播行为图和用户的社交关系影响力图分布情况,对 $t+1$ 时刻用户的行为进行预测,判断其将信息会沿着某条路径在何时转发给哪些用户等内容。

正如图 5.4 所示,信息扩散过程中传递了很多信息,比如用户何时转发信息,转发了哪条信息等一系列问题。本章中认真分析信息传播的因素,主要结合用户的影响力和用户扩散行为以及时间因素进行考虑,来进行信息预测问题的研究。在图 5.4(b)中,影响力图和行为图均为信息传播提供依据。例如,假设 t 时刻时用户 v_5 接收到信息,那么 $t+1$ 时刻信息会传播到哪里呢? 从图中可知没有用户从 v_5 转发信息,所以所有用户成为下一个被激活的用户的可能性相同,但是从影响力图中可以得知,v_2、v_6 对 v_5 存在关注行为,又因为每个节点只有一次激活机会,因此信息下一时刻有更大的可能传播到 v_2、v_6，使其成为下一个被激活的节点。又因为 v_3 转发了两次 v_2 的信息，从影响力图中得知 v_3 关注 v_6，所以信息也有可能经过 v_2 或 v_6 传播到 v_3。因此，综合考虑影响力和用户扩散行为可以全面考虑用户可能的扩散路径，从而显著提高信息预测的准确性。

5.5 用户转发行为预测方法

本章使用基于深度学习用于信息预测的 ASTHGCN 框架如图 5.5 所示。该框架主要分 3 个部分结合用户的影响力图、行为图以及时间因素对信息进行实时预测。首先，将利用多层图卷积网络学习行为图和影响力图结构的最终用户表示融合起来，其次为了进行实时预测信息，将时间序列嵌入到异构图，使用户表示更加全面完整，最后采用多头注意力网络机制进行信息预测并解决上下文依赖问题。

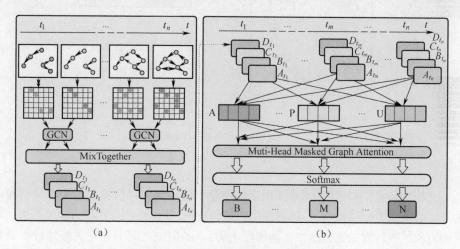

图 5.5 ASTHGCN 模型框架图（见彩图）

5.5.1 用户表示的学习

俗话说"物以类聚，人以群分"，具有同质性的人往往具有相似的兴趣，如果说某个微博大 V 或者某个著名明星转发了一个微博，那么他的粉丝将有极大的可能性去转发这条微博，由此可知，一个人的影响力将十分有利于预测用户是否转发或发布此信息。除此之外，如果一个用户曾经转发过类似的信息，说明其对此类内容或该用户感兴趣，在接下来的时间里也有可能对该类信息或该用户进行转发或发布，因此用户以往的转发或发布行为也有利于信息的预测。因此本章结合用户的影响力关系以及行为关系学习用户的表示，以便达到对信息进行准确的实时预测。

本章采用的网络是异构网络,如图5.4所示该网络具有一种节点(用户)和两种类型的关系(关注关系和转发关系)。在某一时刻$t_i, i \in [1, n]$时,用邻接矩阵$\boldsymbol{F} = \{\boldsymbol{F}_A, \boldsymbol{F}_{t_i}^T\}$表示异构图各种信息,如图5.6所示,其中$\boldsymbol{F}_A \in R^{|V| \times |V|}$表示影响力图中的关注关系的邻接矩阵,$\boldsymbol{F}_{t_i}^T \in R^{|V| \times |V|}$表示行为图中的转发关系的邻接矩阵,$|V|$表示用户的个数。本章将用户之间的影响力关系储存为一个有向无权的影响力图,同时将每个时刻用户的转发情况存储为一个有向加权的行为图。

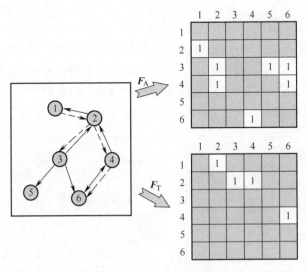

图5.6 用户的矩阵存储

在构建信息结构之后,本章采用多层图卷积神经网络对信息的影响力和扩散行为等空间因素进行结构学习,学习到用户结构特征,并将其融合到新的异构图中。对影响力和扩散行为的研究是在空间维度上的,不同用户之间的相互关系这种影响是比较复杂的,是潜移默化的,是影响信息预测准确率的一大因素,用户的影响力可以直接影响信息传播的广度,而用户的扩散行为根据扩散序列可以学习用户的社交关系,分析其影响力关系进行扩散,使消息得到尽可能转发或者推荐给影响力大的用户使其转发,从而使消息得到快速传播。如图5.7所示,本章使用多层图卷积网络来自适应的捕捉用户之间的动态社交关系和转发关系,根据已有的社交关系情况,采用图卷积网络学习到更多用户的特征,得到更完整的用户结构表示。

将影响力图中的关注关系和行为图中的转发关系分别采用多层图卷积网络学习用户结构表示,形成具有全部特征的新的关注关系和转发关系的用户结构表示,其学习机制如下:

$$
\begin{cases}
\boldsymbol{X}_A^{(n+1)} = \sigma(\boldsymbol{F}_A \boldsymbol{X}^{(n)} \boldsymbol{W}_A^{(n)}) \\
\boldsymbol{X}_T^{(n+1)} = \sigma(\boldsymbol{F}_{t_i}^T (\boldsymbol{X}^{(n)} + t_i) \boldsymbol{W}_T^{(n)})
\end{cases}
\tag{5.10}
$$

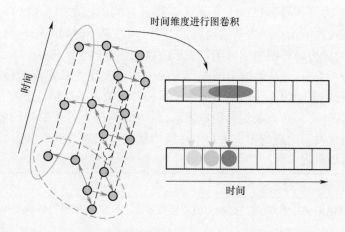

图 5.7　图卷积学习用户关注关系(见彩图)

式中：$W_A^{(n)}$、$W_T^{(n)} \in \mathbb{R}^{d \times d}$ 为可学习参数；$t_i \in \mathbb{R}^d$ 为用户异构网络的时间间隔；d 为用户嵌入表示的维度；n 为 GCN 的层数；$X_A^{(n)}$ 为第 n 层用户关注关系的用户表示；$X_T^{(n)}$ 是第 n 层用户转发关系的用户表示；$X^{(0)} \in \mathbb{R}^{|V| \times d}$ 为正态分布随机初始化的用户嵌入向量；$\sigma(\cdot)$ 采用 ReLU 激活函数。

5.5.2　用户表示融合机制

首先,从影响力图中得到关注关系 $X_A^{(n+1)} \in R^{|V| \times d}$ 和从行为图中得到转发关系 $X_T^{(n+1)} \in R^{|V| \times d}$,在得到用户关注关系和转发关系这两个重要因素之后,接下来讨论如何融合这两种关系。以微博大 V 为例,大 V 转发的内容可以让更多的人看到,其影响力可以让更多的关注者关注或转发此事件。其次,信息如何使这些影响力大且会转发的大 V 看到呢? 如果这名大 V 此前有转发过类似的文章、视频或关注此类话题的用户,那么此刻再次看到则会有更大的可能性进行二次转发,因此关注关系和转发关系都是十分重要的。为了更好地融合这两种因素,产生更加准确的输出,结果本章采用注意力与用户关系结合,方法对于节点 v_i 首先计算其影响力中的关注关系和行为图中的转发关系之间的权重大小,采用注意力网络进行节点的特征学习,将得到的权重矩阵和用户关系进行哈达玛积可以得到最后的用户表示,计算公式如下：

$$\begin{cases} e_{ij} = a([\boldsymbol{W} \boldsymbol{h}_i \mid\mid \boldsymbol{W} \boldsymbol{h}_j]), j \in V \\ \alpha_{ij} = \mathrm{Softmax}(e_{ij}) \\ \boldsymbol{X}_{t_i}^{(n+1)} = \alpha_{iA} \odot \boldsymbol{X}_A^{(n+1)} + \alpha_{iT} \odot \boldsymbol{X}_T^{(n+1)} \end{cases} \tag{5.11}$$

式中：$a(\cdot)$ 为将高维节点特征映射为实数；h_i、h_j 为用户关注关系和转发关系的特征矩阵;W 为可学习参数;α_{ij} 为节点 v_i 和 v_j 之间的注意力系数;$\text{LeakReLU}(\cdot)$ 为泄露修正线性单元;$\odot$ 为哈达玛积;$X_{t_i}^{(n+1)}$ 为在某一时间间隔 t_i 时刻的用户表示,从不同的异构动态图中学习用户表示的算法如算法 5.1 所示。

在算法 5.1 中,先从影响力图和行为图中构建关注关系矩阵和转发关系矩阵 F_A 和 $F_{t_i}^T$,利用多层图卷积网络对关注关系和转发关系进行特征学习,运用注意力机制计算权重,将其融合成新的用户表示,将时间划分为若干时间间隔,接着将每个时间间隔学习到的新的用户表示用注意力机制将其融合到新的异构图中,得到所有时刻的用户表示。

算法 5.1:用户表示融合算法

输入:异构网络影响力图 G;用户影响力图邻接矩阵 $F_A \in \mathbb{R}^{|V| \times |V|}$,行为图中的邻接矩阵 $F_{t_i}^T \in \mathbb{R}^{|V| \times |V|}$;时间戳 $t = \{t_1, t_2, \cdots, t\}$

输出:所有时刻的用户学习表示

1 for each $t_i \in T$ do:

2     $F_A \leftarrow \text{CONSTRUCT\_INFLUENCE}(G)$

3     $F_{t_i}^T \leftarrow \text{CONSTRUCT\_BEHAVIOR}(G)$

4   for $n = 1 \cdots N$ do

5        $X_A^{(n+1)} = \sigma(F_A X^{(n)} W_A^{(n)})$

6        $X_T^{(n+1)} = \sigma(F_{t_i}^T (X^{(n)} + t_i) W_T^{(n)})$

7        $e_{in} = a([Wh_i \| Wh_n])$

8        $\alpha_{in} = \text{Softmax}(e_{in})$

9   endfor

10    $X_{t_i}^{(n+1)} = \alpha_{iA} \odot X_A^{(n+1)} + \alpha_{iT} \odot X_T^{(n+1)}$

11    $X_{t_i}^N \leftarrow X_{t_i}^{(n+1)}$

12 endfor

13 return $X_{t_1}^N, X_{t_2}^N, X_{t_3}^N, \cdots, X_{t_K}^N$

5.5.3   用户转发行为预测

5.5.3.1   时间嵌入策略

融合影响力关系和行为关系得到用户表示之后,接下来要实时进行信息预测,就要将时间嵌入到信息中,本章采取了两种不同的时间嵌入策略。

(1)近似策略。近似策略是对于每一个处于扩散中的用户,其每个时间间隔内用户的行为关系图均不同,但是人们的关注点和兴趣不会瞬间改变,时间是持续连续的,因此,预测某个时刻的扩散图时,直接指定最近的某个时刻(文中采用前一时刻)的扩散图作为用户最终的用户表示。例如,当预测 $t \in [t_7, t_8)$ 的信息传播时,可以根据 t_7 时刻的信息传播,结果去预测 t 时刻的信息传播趋势。

(2) 注意力机制策略。近似策略只是指定某一时刻的用户表示作为最终的用户表示,并不能充分利用此段时间内用户行为对第 t 时刻进行更加准确的用户表示学习,因此本章采用注意力机制从时间序列上所有时刻的用户表示来推测第 t 时刻的用户表示。图注意力机制的目的是将各个时间点的节点表示特征聚合到中心顶点上,进而学习新的节点特征表达。

从上述步骤中可知,给定一个用户 v,可以得到多层图卷积网络学习到的用户,所有时间间隔内某用户表示 $[X_{t_1}^n, X_{t_2}^n, X_{t_3}^n, \cdots, X_{t_i}^n]$,得到最终的用户表示 $\boldsymbol{V} = [v_{t_1}, v_{t_2}, v_{t_3}, \cdots, v_{t_T}]$,假如,用户在某一时刻 t 转发消息,且 $t \in [t_7, t_8)$,此时考虑前 t_7 时刻之前用户的行为影响,设计了一种基于注意力机制的时间嵌入方法如下:

$$\begin{cases} t' = \mathrm{mixTogether}(t_7) \\ \alpha = \mathrm{Softmax}(V_t t' + \boldsymbol{k}) \\ v' = \sum_{i=1}^{T} \alpha_i V_{t_i} \end{cases} \tag{5.12}$$

式中: $\boldsymbol{k} = \begin{cases} 0 & t' \geq t_j \\ -\infty & \text{其他} \end{cases}$,是一个掩码矩阵,当 $t' < t_j$ 时,即 $k = -\infty$,表示 Softmax 函数是个零权重,超过时间范围即关闭注意力。mixTogether 函数是将时间间隔嵌入,该嵌入是正态分布初始化的。经过各时间嵌入权重与用户相乘便得到最终用户表示 v'。最终进行时间嵌入的算法如算法 5.2 所示。

算法 5.2:时间嵌入算法
输入:待预测用户 V,预测的时间 t
输出:时间嵌入后的用户表示
1 for each $t_i \in t$ do:
2    $t' = \mathrm{mixTogether}(t', t_i)$
3    $\alpha_i = \mathrm{Softmax}(V_i t' + \boldsymbol{k})$,
4 endfor
5 for each $t_i \in t$ do:
6    $v' = v' + \alpha_i V_{t_i}$
7 endfor
8 return v'

在算法 5.2 中,先用 mixTogether 函数将此刻之前的用户时间嵌入进去,生成每个时刻的用户嵌入权重,通过掩码矩阵 k 判断是此刻的用户嵌入是否有效,通过这样计算出的权重得到的用户表示更加切合用户转发时刻的状态,有利于信息下

一步预测的进行。

5.5.3.2 信息传播预测

获得用户节点表示后,为了更好地进行信息预测同时捕获上下文依赖信息,可以将获得的用户表示构建为一个扩散序列 $V = \{v'_1, v'_2, \cdots, v'_N\}$,注意力网络使用一个共享参数的线性映射对节点进行增维,执行 Mask Attention 操作将得到的用户节点表示与注意力机制结合,其中 Mask Attention 指注意力机制的运算只在符合条件的节点上运行,并非是对所有节点进行运算。信息预测的公式为

$$
\begin{cases}
D_i = \text{Softmax}\left(\dfrac{V' \boldsymbol{W}_i^Q \ (V' \boldsymbol{W}_i^K)^{\text{T}}}{\sqrt{d_r}} + \boldsymbol{C} \right) V' \boldsymbol{W}_i^V \\
\boldsymbol{M} = [d_1; d_2; \cdots; d_N] \boldsymbol{W}^O
\end{cases}
\tag{5.13}
$$

式中:矩阵 $\boldsymbol{C} = \begin{cases} 0 & i \leqslant j \\ -\infty & \text{其他} \end{cases}$,是一个掩码矩阵,当 $i > j$ 时,值为 $-\infty$,表示 Softmax 函数是个零权重,超过时间范围即关闭注意力,从而达到只对符合条件的节点进行运算; W_i^Q 、 W_i^K 、 W_i^V 、 W^O 是可学习参数; $d_r = d/N, N$ 为多头注意力的头数。

得到预测到的 $\boldsymbol{M}$ 之后,使用两层全连接神经网络计算信息扩散的概率为

$$
p = \boldsymbol{W}' \sigma(\boldsymbol{W}'' \boldsymbol{M}^{\text{T}} + \lambda_1) + \lambda_2
\tag{5.14}
$$

式中: $p \in \mathbb{R}^{L \times |V|}$ 为信息扩散的概率; $\boldsymbol{W}' \in \mathbb{R}^{|V| \times d}$ 、 $\boldsymbol{W}'' \in \mathbb{R}^{d \times d}$ 、 λ_1 、 λ_2 为可学习参数; $\sigma(\cdot)$ 为激活函数,本章采取的是 ReLU 激活函数。

本章采用的损失函数是交叉熵损失函数作为目标函数,公式为

$$
\Omega(\theta) = -\sum_{i=2}^{L} \sum_{k=1}^{|U|} p_{ik} \log(\hat{p}_{ik})
\tag{5.15}
$$

式中:当 $p_{ik} = 0$ 时,表示不发生信息扩散,当 $p_{ik} = 1$ 时,表示发声扩散行为, θ 表示可学习的参数,由 Adamax 优化器更新,优化器计算公式为

$$
\begin{cases}
l_t = \sqrt[\infty]{\beta_2^{2\infty} V_{t-2} + (1 - \beta_2^\infty) \beta_2^\infty |h(t)|^\infty + (1 - \beta_2^\infty) |h(t)|^\infty} \\
l_t = \max(\beta_2 * V_{t-1}, |h(t)|) \\
\Delta x = -\dfrac{h(t)}{l_t + \varepsilon} * \eta
\end{cases}
\tag{5.16}
$$

式中: $h(t)$ 为 t 时刻的参数梯度; ε 为使上述分母为 0 的一个平滑项参数, $\varepsilon = 10^{-9}$; $\beta_2 \in [0.9, 0.999]$ 。

5.6 实验结果与分析

在本章中,主要介绍在实验中使用的数据集,先进的 DeepDiffuse 基准模型,消融实验以及参数调优实验。这将作为与本章提出的 STAHGCN 模型进行作对比,

进一步介绍了用于评估 STAHGCN 模型性能的评估指标。

5.6.1　数据集及基线模型

本章采用了 Douban、Twitter、Memetracker 4 个公共数据集。4 个数据集的数量统计数据如表 5.1 所示,表中 User 表示用户数量,Link 表示用户关注关系的数量,Cascades 表示用户转发序列的数量,Avg. length 表示信息转发序列的平均长度。

表 5.1　数据集

数据集	Douban	Twitter	Memetracker	Digg
User	23113	12654	4628	82778
Link	344280	314567	NULL	178968
Cascades	10502	3234	11754	7553
Avg. length	2695	3363	1536	3045

Twitter 是一个提供微博客服务的社交媒体网络,从 Twitter 数据集中提取出 2010 年 10 月的 12627 个用户和带有关注关系和扩散序列的推文,其中包含消息正文的 URL,每个 URL 都是信息的唯一标记,用户的影响力关系是推特上的关注关系。

Memetracker 包含很多个在线主流社交媒体活动,本章采用的数据集是从在线网络上收集了数百万的新闻故事和博客文章,将每个网站或博客的 URL 都视为一个用户,跟踪每一个常见的引用和短语在用户之间的运用,这个数据集中没有社交图。

Douban 是一个可以分享书籍或电影内容的社交服务网络平台,将每本书或电影看做一个信息,当用户读到这本书,那么这个用户就会被激活,当两个或多个用户多次激活相同的书或电影超过 20 次,将认为他们两个是同质性的人。

Digg 是一个流行的社交媒体网站,它允许用户投票或评估故事。本章使用了来自 2009 年 6 月发布在本章主页上的 3553 篇文章的数据,每个文章都包含了关于用户、链接、日期等的信息。

遵循以前的实验设置,随机抽样 80% 的数据进行训练,10% 用于验证,10% 用于测试。

本章列举了几个最先进的基准方法,与本章提出的 STAHGCN 模型进行比较。

(1) DeepDiffuse:是一个利用节点序列和注意机制并考虑用户激活时间戳的一个基于 LSTM 模型,该模型可根据先前的级联序列预测某个用户何时被激活。

(2) Topo-LSTM:是一个使用有向无环图(DAG)结构并基于 LSTM 探索信息扩散的模型,该模型将动态 DAG 作为 LSTM 模型的输入,以嵌入函数计算的概率作为每个时间的感染概率,来生成具有拓扑感知的嵌入作为输出。

（3）NDM：是一个不需要扩散图,采用卷积网络和自注意力机制建模进行缓解长期依赖的问题模型。

（4）SNIDSA：是一种具有结构注意力的新型顺序神经网络,它不仅利用递归神经网络对序列信息进行建模,而且利用了门控机制的捕获用户间的结构性依赖。

（5）FOREST：是一种在强化学习的指导下预测信息流行度的多尺度扩散预测模型。该模型提取潜在的社交图网络信息,利用强化学习整合宏观预测。

（6）DyHGCN：是一种采用 GCN 学习用户社交网络和扩散图结构特征进行动态信息预测的一种模型,该模型时间采用硬选择策略模型(DyHGCN-H)或软选择策略模型(DyHGCN-S)进行信息预测。

（7）本章方法(STAHGCN_A,STAHGCN_T)：STAHGCN_A 是本章提出的模型采用近似策略时间嵌入的方法,STAHGCN_T 是采用时间注意力机制将时间嵌入的方法。

5.6.2　实验设置

根据以前的研究,可以有任意数量的潜在候选对象,信息扩散预测可以看做下一个受感染用户的检索任务。因为 SNIDSA 和 TopoLSTM 这两个模型数据集中都需要一个潜在的社会网络,而 Memetracker 数据集没有社网络,因此,做 Memetracker 数据集对比实验中,没有把这两种模型考虑在内。本章采用一种直观的评估方法就是利用信息检索中的排名指标,将未被感染节点按照感染概率进行排序,使用两种广泛流行的评估方法 hits 和 MAP 以及 MSLE 均值平方对数误差指标来评估 STAHGCN 模型的性能。实验设置 $N=10$、50、100 进行评估。

本章采用 GPU（GeForceRTX3060）、PyTorch1.9.1 框架进行了实验,使用 Adamax 优化器进行小批量梯度下降更新参数,选择的参数设置如表 5.2 所示,进行对测试集进行测试评估 STAHGCN 模型的性能。

表 5.2　参数设置

参　数	值
Batch Size	16
Learning Rate	0.001
β	$\beta \in [0.9, 0.999]$
Dropout Rate	0.1
Optimizer	Adamax
Num Epoch	50
kernel size	128

参　　数	值
d_model	64
time_step	8
n_heads	14

5.6.3　实验结果与分析

在这个部分设置比较试验,将 DeepDiffuse 等各个模型的实验结果进行比较,并进行对参数设置的分析对比实验。

5.6.3.1　实验结果

所有基线模型的实验结果如表 5.3~表 5.6 所示。从表中可以看出,DyHGCN 和 FOREST 是 STAHGCN 实验之前的最新模型。实验结果表明,在以下评价指标中,所提出的 STAHGCN 模型的性能优于现有的模型,因此可以总结出以下结论。

表 5.3　在 Douban 数据集上的实验结果

模型	Douban					
	hits@ 10	hits@ 50	hits@ 100	map@ 10	map@ 50	map@ 100
DeepDiffuse	9.12	13.78	18.99	4.54	4.87	5.09
TopoLSTM	9.16	15.03	17.43	5.32	5.05	5.45
NDM	10.23	18.45	23.98	5.54	5.64	6.06
SNIDSA	11.98	20.78	27.65	5.90	6.54	6.76
FOREST	13.95	25.43	30.43	8.43	7.34	7.99
DyHGCN-H	16.11	28.32	35.87	8.52	8.94	9.13
DyHGCN-S	16.24	28.65	36.54	9.16	9.65	9.98
STAHGCN-A	**23.56**	**35.74**	**42.33**	**14.89**	**15.46**	**15.55**
STAHGCN-T	**25.14**	**37.50**	**44.44**	**15.84**	**16.42**	**16.51**

表 5.4　在 Memetracker 数据集上的实验结果

模型	Memetracker					
	hits@ 10	hits@ 50	hits@ 100	map@ 10	map@ 50	map@ 100
DeepDiffuse	12.99	24.54	33.71	7.98	8.76	8.92
NDM	24.46	41.45	50.98	12.56	13.93	13.94
FOREST	29.34	47.29	57.06	15.87	16.98	16.93
DyHGCN-H	29.49	47.98	58.45	16.94	17.01	17.34

模型	Memetracker					
	hits@ 10	hits@ 50	hits@ 100	map@ 10	map@ 50	map@ 100
DyHGCN-S	30. 15	48. 58	58. 79	17. 32	18. 54	18. 73
STAHGCN-A	**34. 64**	**54. 61**	**64. 15**	**20. 29**	**21. 23**	**21. 37**
STAHGCN-T	**34. 36**	**53. 44**	**62. 70**	**20. 56**	**21. 45**	**21. 58**

表 5.5 在 Twitter 数据集上的实验结果

模型	Twitter					
	hits@ 10	hits@ 50	hits@ 100	map@ 10	map@ 50	map@ 100
DeepDiffuse	4. 27	7. 94	12. 86	3. 87	3. 74	3. 89
TopoLSTM	7. 02	14. 94	22. 76	4. 95	4. 75	4. 87
NDM	20. 76	31. 85	39. 56	13. 94	13. 97	14. 97
SNIDSA	22. 88	34. 19	44. 84	14. 65	16. 54	16. 87
FOREST	25. 94	42. 58	51. 93	16. 93	17. 76	17. 01
DyHGCN-H	27. 94	46. 94	57. 75	16. 76	17. 98	17. 98
DyHGCN-S	28. 78	47. 76	58. 54	17. 97	18. 64	18. 97
STAHGCN-A	**33. 98**	**54. 28**	**64. 91**	**21. 81**	**23. 33**	**23. 98**
STAHGCN-T	**34. 25**	**54. 61**	**65. 29**	**22. 07**	**23. 78**	**24. 54**

表 5.6 在 Digg 数据集上的实验结果

模型	Digg					
	hits@ 10	hits@ 50	hits@ 100	map@ 10	map@ 50	map@ 100
DeepDiffuse	3. 27	18. 94	26. 86	2. 54	3. 24	3. 53
TopoLSTM	4. 23	15. 54	26. 76	2. 21	2. 68	2. 79
NDM	6. 76	20. 85	29. 56	3. 02	3. 43	4. 24
SNIDSA	6. 88	22. 19	30. 34	4. 23	5. 65	7. 45
FOREST	8. 94	24. 58	31. 56	6. 43	7. 34	9. 83
DyHGCN-H	12. 94	32. 56	34. 78	10. 21	15. 62	25. 32
DyHGCN-S	14. 78	35. 76	42. 56	12. 54	17. 23	29. 65
STAHGCN-A	**16. 98**	**36. 98**	**45. 43**	**13. 92**	**19. 82**	**34. 89**
STAHGCN-T	**18. 25**	**38. 65**	**47. 23**	**14. 21**	**21. 12**	**35. 23**

（1）与 DeepDiffuse、TopoLSTM 和 NDM 模型相比，STAHGCN 的 hits@ 指标上绝对提高了 10%，hits@50 上绝对提高了 17%，hits@100 上绝对增长了 20%。在 map@ N 上有 7% 的绝对改进。DeepDiffuse、TopoLSTM 和 NDM 模型基于用户过去

的行为来预测信息,这可以反映信息传播的扩散能力和速度,而不管用户的影响。实验证明,用户影响因素对信息传播预测的研究具有重要意义。

（2）与基于用户影响研究的 SNIDSA 和 FOREST 模型相比,所提出的 STAHGCN-A 模型将 hits@10 指数提高了近5%。所提出的 STAHGCN 模型在 hits@50 和 hits@100 上有7%的绝对改进。map@10 的实验指数在所有4个数据集上都有5%的绝对改善。SNIDSA 和 FOREST 只考虑用户的影响来进行信息预测。这意味着他们的研究是基于用户的社会关系,而不考虑用户的传播行为的影响。由于用户的传播行为通常代表了用户最近的兴趣和爱好主题,因此所提出的 STAHGCN 模型考虑了这些因素,以增加对信息传播的细粒度研究。

（3）与最先进的 DyHGCN 模型相比,所提出的 STAHGCN-T 模型在 hits@N 指数上提高了5%,在 map@N 指数上提高了3%。DyHGCN 模型和所提出的 STAHGCN 模型同时考虑了用户的影响关系、行为关系,以及时间因素。然而,该 STAHGCN 设计了一种注意机制融合机制来融合用户,以了解更精细的用户特征。然后,获得了更具表现性的用户表示,进一步提高了信息预测性能。实验结果表明,用户特征的细粒度性能显著提高了信息传播预测的性能,并证明了所提出的 STAHGCN 模型可以提高信息预测的精度。

接下来对3个数据集的均值平方对数误差(MSLE)指标进行实验,其结果为了方便比较如下雷达图5.8所示。

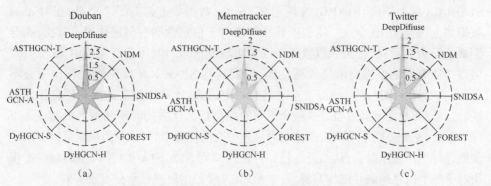

（a）　　　　　　　　　　（b）　　　　　　　　　　（c）

图5.8　Douban、Memetracker and Twitter 数据集上的 MSLE 指标
（由于备忘录跟踪器模型中没有社交图,因此 SNIDSA 的 MSLE 值设置为0）

在这3个数据集上的实验结果 MSLE,其分数越低越好。由于 TopoLSTM 模型的实验分数大于10,明显高于其他模型分数,为了更加方便观察,并未在图中显示出来,由于 Memetracker 模型中没有社交图,SNIDSA 不适用于该数据集,所以设置该 MSLE 值为0。通过观察 STAHGCN 模型的 MSLE 的实验结果是最小的,说明其性能是最好的,这跟上述叙述中,STAHGCN 模型将用户的行为关系影响力关系空

间因素以及时间因素均考虑其中,并采用注意力机制将用户表示融合在一起,表明了 STAHGCN 模型的有效性和准确性。

5.6.3.2 消融实验

为了研究 STAHGCN 模型中每个因素的有效性,本章在 DYHGCN 模型的基础上进行一些额外的消融实验,来验证每个因素的性能,并从以下各个方面进行消融实验。

(1) 异构图:去除异构图中的编码模块,仅仅使用同构网络来研究用户表示。

(2) 行为关系:去除异构图中的行为关系,并去除用户表示学习的卷积操作,只考虑用户的扩散行为关系。

(3) 复杂网络:去除异构图中的社交影响力关系,并去除用户表示学习的卷积操作,只考虑用户的影响力关系。

(4) 时间注意力机制嵌入:考虑时间注意力机制时,可以考虑采用近似策略进行时间嵌入。

(5) 用户表示融合方法:考虑用户注意力融合机制时,可以采用启发式策略融合进行。

经过在 Twitter 和 Douban 数据集上进行了 STAHGCN 模型异构图等各个模块的消融实验,实验结果如图 5.9 所示。从图 5.9 中可知,STAHGCN 中各个模块的应用都是十分必要的,各个模块都在一定程度上提高了。首先,当去除异构图中的编码模块时,仅仅使用同构网络来研究用户表示进行信息预测时,性能比 STAHGCN 明显下降,STAHGCN 模型在 Twitter 数据集上提高了 7 个点,在 Douban 数据集上提高了 10 个点。这表明异构网络对于信息预测有促进作用。其次,在分别缺乏行为关系、社交关系以及时间注意力机制嵌入时间因素等实验中,这三者均可以在原有基础上提高信息预测性能,然而这与 STAHGCN 模型性能相比明显不足,这表明只有将这些影响因素全部组合考虑进去,才可以显著的提高信息预测的性能。最后,验证了经过启发式融合机制的模型指标比采用时间注意力机制显著下降 6 个点,充分表明了采用时间注意力机制融合的优势,时间注意力机制可以更加全面地进行用户表示融合,从而提高模型性能。总而言之,STAHGCN 模型的每一个模块对于整个信息预测性能均有提升,STAHGCN 模型的研究是十分有意义的。

5.6.3.3 参数调优实验

在本章中,利用 Twitter 数据集进行一些参数设置的不同选择及其性能分析,主要对注意力头数以及时间划分间隔数进行实验,验证其最优的参数设置。

(1) 时间间隔数的影响。本章考虑信息传播的时间因素,将扩散时间序列划分为多少个时间间隔数,可能会直接或间接影响 STAHGCN 模型性能。随着时间间隔数的增多,用户可以学习更细粒度的表示,因此,学习到的用户表示更加全面,但是由于参数的设置会影响最终性能,所以进行参数调优实验,实验结果如图 5.10 所示。

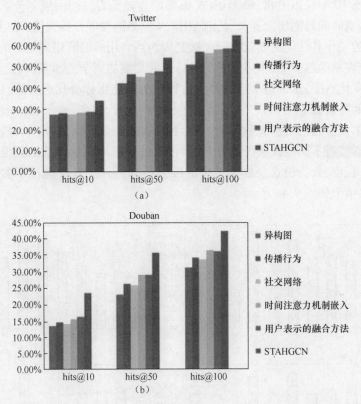

图 5.9 异构图、行为关系、复杂网络、时间注意力机制、启发式融合机制等模块的消融实验

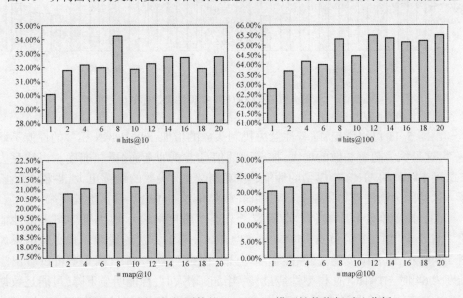

图 5.10 不同时间间隔数的 STAHGCN 模型性能指标对比分析

从图 5.10 中可以看出,STAHGCN 模型的性能随着时间间隔划分数的增加而增加,但是当时间间隔增大到 8 时,STAHGCN 模型的性能开始骤降,随后随时间划分间隔数的变化其性能的变化有限。这是因为当将用户时间序列划分的间隔数越大时,用户表示的越全面,学习到的用户特征就会更加周全,当间隔数更多时,学习到的性能变化有限,从而整个信息传播过程中的性能指标变化也有限,因此,本章选取时间间隔数为 8。

（2）多头注意力机制头数影响。STAHGCN 模型利用多头注意力机制不同头数在计算时经过不同的投影得到更多的特征,从而影响信息传播的预测性能。多头注意力机制头数的设置会影响模型的性能指标,因此,本章进行了参数调优实验,其实验结果如图 5.11 所示。

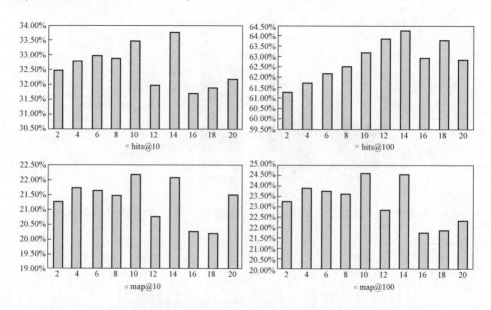

图 5.11　不同头数的 STAHGCN 模型性能指标对比分析

由图 5.11 可以看出,随着注意力机制头数的增加,STAHGCN 模型的性能不断提升,这是因为随着头数的增大,捕获到的信息会更加全面,更加准确。当注意力头数到 14 时,STAHGCN 模型的性能达到最佳,随着头数的继续更大,性能开始骤降。这是因为当注意力机制头数过多时,模型训练过拟合导致了性能下降。

（3）模型维度的影响。本章研究了节点 V 维度的表示是如何影响模型性能的。当 $D = \{16,32,64,128\}$ 时,验证 STAHGCN 模型方法的性能。其实验结果如图 5.9 所示,随着维度增大,性能不断增强。但是在 Douban 数据集上可以看出当维度为 64 时,STAHGCN 模型性能最佳,当维度增大时,性能明显下降,可能是数据集太大使其过拟合导致。然而,在 Memetracker 数据集上,当维度为 128 时性能才达到收敛,性能增幅逐渐平缓,可能因为他们有更大的数据集,综合 3 个数据集上性能结果看,本章将提出的 STAHGCN 模型维度设置为 64。

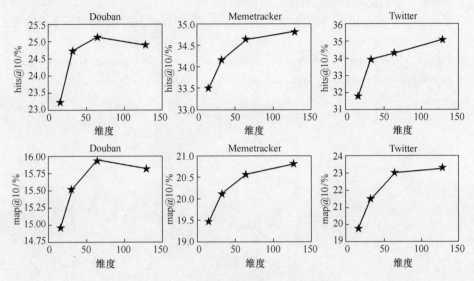

图 5.12 不同维度性能指标对比分析

参 考 文 献

[1] Yang C, Wang H, Tang J, et al. Full-scale information diffusion prediction with reinforced recurrent networks[J]. IEEE Transactions on Neural Networks and Learning Systems, 2021, 34(5):2271-2283

[2] Chen X, Zhang F, Zhou F, et al. Multi-scale graph capsule with influence attention for information cascades prediction[J]. International Journal of Intelligent Systems, 2022, 37(3):2584-2611.

[3] Razaque A, Rizvi S, Almiani M, et al. State-of-art review of information diffusion models and their impact on social network vulnerabilities[J]. Journal of King Saud University-Computer and Information Sciences, 2022, 34(1):1275-1294.

[4] Liu J, Chen Y, Huang X, et al. GNN-based long andshort term preference modeling for next-location prediction[J]. Information Sciences, 2023, 629:1-14.

[5] YangC., Sun M.S., Liu H.R., etc. Neural diffusion model for microscopic cascade study[J]. IEEE Trans on Knowledge and Data Engineering, 2021, 33(3):1128-1139.

[6] Wang Z, Wang Z, Xu Y, et al. Online course recommendation algorithm based on multilevel fusion of user features and item features[J]. Computer Applications in Engineering Education, 2023, 31(3):469-479.

[7] 宋少飞,李玮峰,杨东援. 短距离活动空间与新冠疫情扩散模型[J]. 综合运输,2023,45

　　(6):131-136.

[8] 冯兆. 数字化内容扩散路径:社交媒体用户分享行为的实证报告及动机分析[J]. 西华大学学报(哲学社会科学版),2023,42(4):65-74.

[9] 李思佳,郑德铭,孙正义. 微博中基于用户特征的突发事件信息传播分析[J]. 农业图书情报学报,2024,35(11):86-97.

[10] Lang C,Cheng G,Tu B,et al. Few-shot segmentation via divide-and-conquer proxies[J].International Journal of Computer Vision,2024,132(1):261-283.

第6章 融合超图注意力机制与图卷积网络的用户转发行为

第5章介绍了基于时空注意力异构图卷积神经网络的用户转发预测模型,该模型融合了用户的社交关系、用户转发关系和用户的动态偏好。然而这仅仅是对用户单一级联之间的研究,缺乏对用户级联间的依赖关系,因此,为了提高对用户特征学习的准确性,本章提出融合超图注意力机制与图卷积网络的用户转发预测模型。

本章首先对模型进行问题描述,然后介绍了模型框架结构图以及对该模型的模型进行详细阐述,并设置对比实验、消融实验和参数调优实验对模型进行实验验证,最后在本章结束进行总结。

6.1 问题描述

推文消息的级联图序列为 $C_i(t) = [(U_i(t_1), E_i(t_1)), \cdots, (U_i(t_m), E_i(t_m))]$,其中 $U_i(t_j)$ 为用户集,$E_i(t_j)$ 为边集,$g_i^{t_j} = \{U_i^{t_j}, E_i^{t_j}\}$ 表示推文在 t_j 时刻的一个状态。历史扩散级联 $C = \{c_1, c_2, \cdots, c_T\}$,基于时间戳分为 T 个子集用来构建转发超图 $G_D = \{G_D^t | t = 1, 2, \cdots, T\}$,$G_D^t = (U^t, \varepsilon^t)$,其中 U^t 代表用户集,ε^t 表示超边。规定每个超图中的节点和超边关系都是独特的,即如果用户 u_i 在第 k 个时间间隔内参与了 c_m,那么 u_i 和 e_m 之间的连接只存在于超图 ε^t 中。

信息扩散预测就是基于上述介绍中的复杂网络图 C_M 以及转发超图 G_D 和扩散序列 $c_m = \{(u_i^m, t_i^m | u_i^m \in U)\}$,来估算 $t+1$ 时刻用户参与信息扩散的概率,通过比较概率大小确定下一时刻最有可能被感染的用户。

6.2 用户转发行为预测模型

融合超图注意力机制与图卷积网络的信息扩散预测模型框架图如图 6.1 所示。首先通过对社交关系图进行采样,获取一系列子级联序列,引入级联 Δc 拉普拉斯算子,输入 LGCN 学习级联序列中用户的社交关系特征。其次将用户级联图构建为超图,学习用户间和级联间的交互特征和用户转发关系特征,获得具有全局性依赖的用户表示。最后利用门控机制将学习到的用户表示融合起来,获得更具表现力的用户表示,将其输入多头注意力机制中进行信息传播预测,计算每个用户被感染的概率,输出被感染概率最大的用户作为下一个被感染的用户。

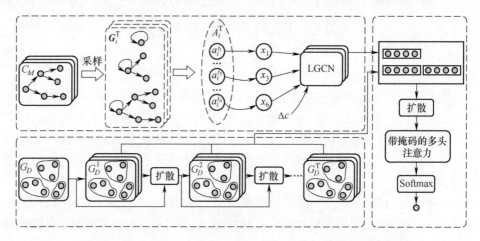

图 6.1　融合超图注意力机制与图卷积网络的信息扩散预测模型

6.2.1　用户社交关系的学习

为了更好地学习用户社交关系,研究用户间的同质性对信息扩散的影响,本章引入级联 Δc 拉普拉斯算子,输入 LGCN 学习用户的社交关系特征。首先,构建社交图 C_M 和初始化级联图 $C_i(t) = [(U_i(t_1), E_i(t_1)), \cdots, (U_i(t_m), E_i(t_m))]$ 的表示,对 $C_i(t)$ 进行采样,得到一组子级联序列 $G_i^T = \{g_i^{t_1}, g_i^{t_2}, \cdots, g_i^{t_{m-1}}\}$, $t_j \in [0, T]$, $j \in [1, m]$,用于观测时间 t 内的级联,将每一个子级联图采用邻接矩阵的形式存储。由于第一个子级联图只有一个节点,所以给节点加入自环,因此,级联可以由序列邻接矩阵 $A_i^T = \{a_i^{t_1}, a_i^{t_2}, \cdots, a_i^{t_{m-1}}\}$ 表示。

用户的社交关系有利于对信息预测做一个预判,根据"物以类聚人以群分"的原理,可以根据社交关系对信息扩散进行更加准确的预测。信息扩散过程可以看成马尔可夫过程,它通常会收敛于一个平稳分布,由于单一固定的网络结构不能解决用户社交关系图中的结构和方向信息,用户复杂网络结构是有向的,因此,引入级联 Δc 拉普拉斯算子的方法。单个级联信号 X 上的卷积操作可建模为式(6.1)所示。

$$y = g_\theta * G_x = g'_\theta(L)x = \sum_{k=0}^{K} \theta'_k T_k(\widetilde{\Delta c}) \tag{6.1}$$

式中：$\widetilde{\Delta}c = \dfrac{2}{\lambda_{max}}\Delta c - I_N$ 为一个缩放的拉普拉斯函数。

对于一个有向图，为了捕获到不同级联的特殊结构和方向特征，采用非对称的双拉普拉斯来解决，双拉普拉斯算子计算公式为式(6.2)所示。

$$Y = \Phi^{\frac{1}{2}}(I - P)\Phi^{-\frac{1}{2}}$$

$$P_c = (1 - \alpha)\frac{E}{n} + \alpha(D^{-1}W) \tag{6.2}$$

$$\Delta c = \Phi^{\frac{1}{2}}(I - P_c)\Phi^{-\frac{1}{2}}$$

式中：P_c 为转移概率矩阵；Y 为双拉普拉斯算子；$\alpha \in (0,1)$ 为一个初始概率；$D^{-1}W$ 用来限制 P_c 任一位置都不为 0 的状态。

获得 A_i^T 的子级联图序列和拉普拉斯算子 Δc 之后，输入 LGCN 网络进行学习用户复杂网络结构。主要采用图卷积代替密集矩阵 W 的乘法，更好的捕获级联用户社交关系，计算式为

$$i_t = \sigma(W_i * GX_t + U_i * Gh_{t-1} + V_i \odot c_{t-1} + b_i)$$

$$f_t = \sigma(W_f * GX_t + U_f * Gh_{t-1} + V_f \odot c_{t-1} + b_f) \tag{6.3}$$

$$o_t = \sigma(W_o * GX_t + U_o * Gh_{t-1} + V_o \odot c_t + b_o)$$

式中：$*G$ 为等式(4.1)定义的图卷积；信号 X_t 为级联图序列 $A_i^T = \{a_i^{t_1}, a_i^{t_2}, \cdots, a_i^{t_{m-1}}\}$；$W_i * GX_t$ 为信号 X_t 的图卷积；c_{t+1} 替换现有内存单元 c_t，计算如式(6.4)所示。

$$c_t = f_t \odot c_{t-1} + i_t \odot \tanh(W_c * GX_t + U_c Gh_{t-1} + b_c) \tag{6.4}$$

然后进行更新隐藏状态，如式(6.5)所示。

$$h_t = o_t \odot \tanh(c_{t+1}) \tag{6.5}$$

式中：$\tanh(\cdot)$ 为双曲正切函数；$\odot$ 为内积。

6.2.2 用户全局偏好学习

用户的复杂网络图不能很准确地学习用户的兴趣和交互偏好，因此将级联序列构建扩散超图，通过超图注意网络学习用户和级联间的结构信息，过程如图6.2所示。

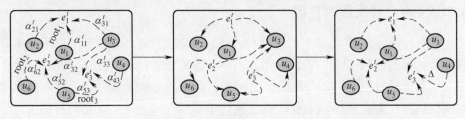

图6.2 超图注意网络(HGAT)学习用户全局依赖学习过程

每个超图中包含每个时间间隔的用户级联交互信息,首先利用超图注意网络学习用户的短期兴趣和偏好。由于根节点可以反映级联内容,因此,保留超图超边的根信息,通过根节点与其他节点的距离来计算节点的注意力分数 α_{ij}。然后将其所有连接节点 u_i 的节点表示 $x_{i,t}$ 聚合到超边 e_j^t 上,获得超边表示 $o_{j,t}$,公式如式(6.6)所示。

$$\alpha_{ij}^t = \frac{\exp(-\mathrm{dis}(W_1 x_{i,t}^l, W_1 r_j^l))}{\sum_{u_p^t \in e_j^t} \exp(-\mathrm{dis}(W_1 x_{p,t}^l, W_1 r_j^l))}$$

$$o_{j,t}^{l+1} = \sigma(\sum_{u_i^t \in e_j^t} \alpha_{ij}^t W_1 x_{i,t}^l) \tag{6.6}$$

在获得超边表示后,聚合所有超边参与到用户的节点表示。由于交互发生在同一时间间隔内,因此假设每条超边的权重相同,第 t 时间间隔内,聚合所有超边参与到用户的节点表示 $x_{i,t}^{l+1}$ 的公式如式(6.7)所示。

$$x_{i,t}^{l+1} = \sigma(\sum_{e_j^t \in \varepsilon_i^t} W_2 o_{j,t}^{l+1}) \tag{6.7}$$

在获得了超边和节点表示后,学习到了级联上的用户交互,其中超边的作用是进行特征传输,利用用户的嵌入向量来更新超边表示 $o_{j,t}^{l+1'}$,进一步捕获超边之间的连接,可以记为式(6.8)。

$$o_{j,t}^{l+1'} = \sigma(\sum_{u_i^t \in e_j^t} \alpha_{ij}^t W_3 x_{i,t}^{l+1}) \tag{6.8}$$

超图注意网络只能学习较短时间间隔内用户的交互偏好,为了学习更加准确的用户偏好和级联的时间特性,利用 HGAT 机制学习各个时间间隔的用户表示,采用门控策略按时间顺序融合起来,融合原理如式(6.9)所示。

$$x_{i,t+1}^0 = gR_1 x_{i,t}^{L_D} + (1 - gR_1) x_{i,t}^0$$

$$gR_1 = \frac{\exp(W_{Z_1}^{\mathrm{T}} \sigma(W_{R_1} x_{i,t}^{L_D}))}{\exp(W_{Z_1}^{\mathrm{T}} \sigma(W_{R_1} x_{i,t}^{L_D})) + \exp(W_{Z_1}^{\mathrm{T}} \sigma(W_{R_1} x_{i,t}^0))} \tag{6.9}$$

为了获得更具表现力的用户表示,本章将从复杂网络关系中学到的用户表示作为第一个时间间隔的 HGAT 的输入,不采用正态分布初始化的用户表示。

6.2.3 用户转发行为预测

在进行信息预测时,采用的用户表示是从用户社交关系和动态用户偏好学习融合后获得的,而不是最后激活的用户表示。给定级联,可以从用户表示中,读取参与级联最近的用户社交关系表示 $Z_m^F = [h_i]$。从全局用户偏好学习读取最近时间间隔的用户表示 $q_m^D = [(x_i, t)]$ 和级联表示 $p_m^D = [(o_m, t)]$,采用门控机制将级联表示和用户表示融合起来,学习到全局性动态用户兴趣和偏好,公式如式

(6.10)所示。

$$Z_m^D = gR_2 q_m^D + (1 - gR_2) p_m^D$$

$$gR_2 = \frac{\exp(W_{Z_2}^T \sigma(W_{R_2} p_m^D))}{\exp(W_{Z_2}^T \sigma(W_{R_2} p_m^D)) + \exp(W_{Z_2}^T \sigma(W_{R_2} q_m^D))} \quad (6.10)$$

将学习到社交关系的用户表示 Z_m^F 和学习到用户偏好的表示 Z_m^D 采用一个门控机制将其融合起来,获得一个更具有表现力的用户表示 r_m,公式如式(6.11)所示。

$$r_m = gR_3 Z_m^F + (1 - gR_3) Z_m^D$$

$$gR_3 = \frac{\exp(W_{Z_3}^T \sigma(W_{R_3} Z_m^D))}{\exp(W_{Z_3}^T \sigma(W_{R_3} Z_m^D)) + \exp(W_{Z_3}^T \sigma(W_{R_3} Z_m^F))} \quad (6.11)$$

获得用户表示后,将其构建一个序列 $R = \{r_1, r_2, \cdots, r_M\}$,输入掩码多头注意力机制进行检测每个时间间隔上的潜在感染,由于它是并行地进行预测,因此比RNN更容易捕获上下文信息,预测公式如式(6.12)所示。

$$\begin{cases} \text{Attention}(Q, K, V) = \text{softmax}(\dfrac{QK^T}{\sqrt{d_k}} + M)V \\ b_i^d = \text{Attention}(RW_i^Q, RW_i^K, RW_i^V) \\ S = [b_1; b_2; \cdots; b_N] W^O \end{cases} \quad (6.12)$$

式中: $M = \begin{cases} 0 & i \leq j, \\ -\infty & \text{其他} \end{cases}$,为一个掩码矩阵,当 $i > j$ 时,值为 $-\infty$,表示 Softmax 函数是个零权重,超过时间范围即关闭注意力,从而达到只对符合条件的节点进行运算, W_i^Q、W_i^K、W_i^V、W^O 为可学习参数; $d_r = d/N; N$ 为多头注意力的头数。

得到预测到的 S 之后,使用两层全连接神经网络计算信息扩散的概率为 $\hat{y}$,公式如式(6.13)所示。

$$\hat{y} = W_5 \text{ReLU}(W_4 S^T + \lambda_1) + \lambda_2 \quad (6.13)$$

式中: W_4、W_5、λ_1、λ_2 为可学习参数。

本章采用的损失函数是交叉熵损失函数作为目标函数,公式如式(6.14)所示。

$$\ell(\theta) = - \sum_{i=2}^{|C|} \sum_{j=1}^{|U|} y_{ij} \log(\hat{y}_{ij}) \quad (6.14)$$

式中: θ 为需要学习的所有参数,如果用户在第 i 步中参与到级联,则 $y_{ij} = 1$,否则 $y_{ij} = 0$。

6.3 实验结果与分析

本章主要介绍了在实验中使用的数据集、先进的基准模型、消融实验以及参数调优实验,并与所提出的 HGACN 模型进行作对比。

6.3.1 数据集

本章采用了 Douban、Twitter、Memetracker 等 5 个公共数据集。5 个数据集的统计数据如表 6.1 所示,表中 User 表示用户数量,Link 表示用户关注关系的数量,Cascades 表示用户转发序列的数量,Avg. length 表示信息转发序列的平均长度。

表 6.1　使用的数据集的统计

数据集	Douban	Twitter	Memetracker	Android	Christianity
user	23123	12627	4709	9,958	2,897
Link	348280	309631	NULL	48,573	35,624
Cascades	10602	3442	12661	679	589
Avg. length	2714	3260	1624	33.3	22.9

Twitter 是一个提供微博客户服务的社交媒体网络,从 Twitter 数据集中提取出 2010 年 10 月的 12627 个用户和带有关注关系和扩散序列的推文,其中包含消息正文的 URL,每个 URL 都是信息的唯一标记,用户的影响力关系是推特上的关注关系。

Memetracker 包含很多个在线主流社交媒体活动,本章采用的数据集是从在线网络上收集了数百万的新闻故事和博客文章,将每个网站或博客的 URL 都视为一个用户,跟踪每一个常见的引用和短语在用户之间的运用。但是这个数据集中没有社交图。

Douban 是一个可以分享书籍或电影内容的社交服务网络平台,将每本书或电影看做一个信息,当用户读到这本书时,那么这个用户就会被激活,当两个或多个用户多次激活相同的书或电影超过 20 次,将认为他们两个是同质性的人。

Android 是从社区问答网站上搜集到的问答。用户之间的提问、讨论、投票等其他形式的交互形成了用户的复杂网络关系。

Christianity 收集的是一些关于基督教主题相关的级联交互信息。

本章列举了几个最先进的基准方法,并与所提出的 HGACN 模型进行比较。

DeepDiffuse:是利用节点序列和注意机制,考虑用户激活时间戳的一个 LSTM 模型,该模型可根据先前的级联序列预测某个用户何时被激活。

Topo-LSTM:是一个使用有向无环图(DAG)结构基于 LSTM 探索信息扩散的

模型,该模型将动态 DAG 作为 LSTM 模型的输入,以嵌入函数计算的概率作为每个时间的感染概率,来生成具有拓扑感知的嵌入作为输出。

SNIDSA:是一种具有结构注意力的新型顺序神经网络,它不仅利用递归神经网络对序列信息进行建模,而且利用了门控机制捕获用户间的结构性依赖。

FOREST:是一种在强化学习的指导下预测信息流行度的多尺度扩散预测模型。该模型提取潜在的社交图信息,利用强化学习整合宏观预测。

DyHGCN:是一种采用 GCN 学习用户社交图和扩散图结构特征进行动态信息预测的一种模型。

MS-HGAT:是一种采用 GCN 学习用户友谊网络并使用注意力机制学习用户级联间的交互依赖的一种模型,利用门控机制捕获用户的全局性依赖关系。

6.3.2　实验设置

根据以往研究,信息扩散预测可以看做下一个受感染用户的检索任务。因为 SNIDSA 和 TopoLSTM 这两个模型数据集中都需要一个潜在的社会图,而 Memetracker 数据集没有社交图,因此,做 Memetracker 数据集对比实验中,没有把这两种模型考虑在内。

本章利用信息检索中的排名指标进行评估。下一个被感染是根据以往的用户信息来预测的,可能有很多潜在的候选者,为了更加方便,可以将预测下一个感染节点的过程看做一个检索过程,将剩余没有被感染的用户按照感染概率大小进行排序,认为该节点是被感染的节点,再对前 $N = \{10, 50, 100\}$ 个感染用户进行评估,因此,采用最直观的评价指标 hits@N 和 map@N。

map@N:在信息预测中,平均平均精度是对每个级联预测的平均精度的平均值。假设有 N 个用户,其中有 X 个用户被感染,因此可以得到一组召回值 R,求得每一个召回值 $r \in R$ 的最大精度 $\max_{r'>r}p(r')$,进而求得平均精度 AP,求 AP 的平均值可以得到预测的平均精度 map,即

$$AP = \frac{\sum_{r \in M} \max_{r'>r}p(r')}{X}$$

$$map = \frac{\sum_{c \in M} AP(c)}{K} \tag{6.15}$$

hits@N 预测下一个受感染节点与排名前 N 的节点的比例,即

$$hits = \frac{\sum_{c \in M} p(c)}{k} \tag{6.16}$$

$p(\cdot)$ 为 indicator 函数,若条件为真,则函数值为 1,否则为 0。hits@N 指标越大越好。

本章采用 GPU(GeForceRTX3060)、PyTorch1.9.1 框架进行了实验实现,使用 Adamax 优化器进行小批量梯度下降更新参数,遵循以前的实验设置,随机抽样 80%的数据进行训练,10%用于验证,10%用于测试。最大级联长度为 200。对于基线,保留了在原始论文中提供的设置。对于 HGACN 模型,本章选择的参数设置如表 6.2 所列。

表 6.2　参数设置

参数	值
Batch Size	16
Learning Rate	0.001
β	$\beta \in [0.9, 0.999]$
Dropout Rate	0.1
Optimizer	Adamax
Num Epoch	50
kernel size	128
d_model	64
number_sub	8
length_cascade	200
n_heads	14

6.3.3　实验结果与分析

本章设置比较试验,将实验结果与 DeepDiffuse 等各个模型的实验结果进行比较,并进行对参数设置的分析对比实验。

6.3.3.1　实验结果

HGACN 模型和基准模型在 Douban 等 5 个数据集上的实验结果分别为表 6.3~表 6.5 所示,表中显示了所有模型的评估指标,从实验结果可以看出在 hits@N,map@N 指标中 HGACN 模型均具有一定优越性,结果表明 HGACN 模型可以提高信息传播预测的性能,其性能始终优于最先进的方法,得到如下结论。

(1) 在基于扩散路径研究的模型中,DeepDiffuse 模型采用嵌入技术和注意模型来利用感染时间戳信息。TopoLSTM 模型通过扩展 LSTM 模型学习信息扩散路径。通过实验分析可知,引入 LSTM 进行信息传播预测的 TopoLSTM 模型在 5 个数据集上的实验结果均高于前两者。然而与这些基于用户扩散行为研究的模型比较,HGACN 模型在 map@N 的评价指标上最高有 15%的提升,在 hits@N 指标上最高有 38% 的提升。DeepDiffuse、TopoLSTM 模型根据用户扩散行为对信息进行预测时,没有考虑用户的社交关系等因素,由实验结果证明,用户影响力因素对研究信息预测至关重要。

（2）由实验结果可以看出,基于用户影响力研究的模型性能均高于基于扩散路径研究的模型,充分证实了信息传播预测性能受用户影响力的影响更大。由于 FOREST 模型引入强化学习对信息进行多尺度预测,在实验结果中 FOREST 模型在五个数据集中每个指标的实验结果均高于 SNIDSA。相比只基于用户影响力研究的模型,HGACN 模型在 map@ 100 指标上最高约有 4.5% 的提升,在 hits@ 100 指标上最高有将近 13.5% 的提升。SNIDSA、FOREST 只考虑用户的社交影响力,忽略用户扩散行为的影响,在考虑信息扩散路径时,将历史扩散路径建模一个序列表示,由实验结果证明 HGACN 模型对用户社交影响力和用户扩散行为的研究有关。

表 6.3　4 个数据集上的实验结果（%）（Hits@ N, N = 10, 50, 100）

模型	Douban			Twitter			Christianity			Android		
	@ 10	@ 50	@ 100	@ 10	@ 50	@ 100	@ 10	@ 50	@ 100	@ 10	@ 50	@ 100
DeepDiffuse	9.02	14.93	19.13	5.79	10.80	18.39	10.27	21.83	30.74	4.13	10.58	17.21
TopoLSTM	8.57	16.53	21.47	8.45	15.80	25.42	12.28	22.63	31.52	4.56	12.63	16.53
SNIDSA	16.23	27.24	35.59	25.37	36.64	42.89	17.74	34.58	48.76	5.63	15.22	20.93
FOREST	19.50	32.03	39.08	28.67	42.07	49.75	24.85	42.01	51.28	9.68	17.73	24.08
DyHGCN	18.71	32.33	39.71	31.88	45.05	52.19	26.62	42.80	52.47	9.10	16.38	23.09
MS-HGAT	21.33	35.25	42.75	33.50	49.59	58.91	28.80	47.14	55.62	10.41	20.31	27.55
HGACN	**23.21**	**36.98**	**46.34**	**34.24**	**51.34**	**63.34**	**29.43**	**49.43**	**58.54**	**10.54**	**22.43**	**29.98**

表 6.4　4 个数据集上的实验结果（%）（MAP@ N, N = 10, 50, 100）

模型	Douban			Twitter			Christianity			Android		
	@ 10	@ 50	@ 100	@ 10	@ 50	@ 100	@ 10	@ 50	@ 100	@ 10	@ 50	@ 100
DeepDiffuse	6.02	6.93	7.13	5.87	6.80	6.39	7.27	7.83	7.84	2.30	2.53	2.56
TopoLSTM	6.57	7.53	7.78	8.51	12.68	13.68	7.93	8.67	9.86	3.60	4.05	4.06
SNIDSA	10.02	11.24	11.59	15.34	16.64	16.89	8.69	8.94	9.72	2.98	3.24	3.97
FOREST	11.26	11.84	11.94	19.60	20.21	21.75	14.64	15.45	15.58	5.83	6.17	6.26
DyHGCN	10.61	11.26	11.36	20.87	21.48	21.58	15.64	16.30	16.44	6.09	6.40	6.50
MS-HGAT	11.72	12.52	12.60	22.49	23.17	23.30	17.44	18.27	18.40	6.39	6.87	6.96
HGACN	**11.89**	**13.54**	**14.32**	**23.98**	**24.76**	**25.54**	**18.43**	**19.54**	**19.99**	**6.73**	**7.56**	**7.65**

表 6.5　在 Memetracker 数据集上的实验结果(%)

模型	Memetracker					
	hits@ 10	hits@ 50	hits@ 100	map@ 10	map@ 50	map@ 100
DeepDiffuse	12.93	26.50	39.32	8.14	8.75	8.80
FOREST	28.53	47.41	54.31	15.32	17.71	17.98
DyHGCN	32.34	50.32	55.76	17.36	19.32	21.32
MS-HGAT	34.02	52.87	60.21	19.21	20.32	22.65
HGACN	**34.36**	**53.54**	**62.98**	**21.67**	**22.87**	**24.01**

(3) DyHGAN,MS-HGAT 模型充分考虑了用户的影响力关系和用户的扩散路径,由实验数据可知,同时考虑两者的模型性能远远高于单一因素。然而提出的 HGACN 模型在 map@ 100 指标上最高有 2.2%的提升,在 hits@ 100 指标上最高约有 4.5%的提升。MS-HGAT 模型和 HGACN 模型都考虑了用户的社交关系和用户动态交互的特性,因此,性能均比 DyHGCN 模型性能高。然而 HGACN 利用 LGCN 网络学习用户之间的社交关系,利用超图注意力机制学习到用户级联间的交互,将其融合获得更具表现力的用户表示,因此,信息预测的性能更高。实验证明 HGACN 模型将这些因素考虑进去,加大信息传播中更细粒度的研究,可进一步提高信息预测的准确率。

6.3.3.2　消融实验

为了研究 HGACN 模型中每个因素的有效性,本章进行一些额外的消融实验,来验证每个因素的性能。本章从以下各个方面进行消融实验。

(1) 行为关系:去除扩散图,只考虑用户的社交关系。

(2) 社交关系:去除社交关系图,去除用户社交关系表示学习。

(3) 用户融合机制:去除用户融合的门控机制,可以采用连接代替。

(4) 储存器:去除用户和级联表示学习的存储器。

(5) 多头注意力:去除多头注意力模块进行信息预测。

在 Twitter 和 Andriod 这两个数据集上的消融实验结果如图 6.3 所示。从图 6.3 中得知,HGACN 模型比其他模型的实验结果具有显著的提升,说明各个模块的应用都是十分必要的。首先去除社交关系和行为关系时,性能明显降低,表明社交关系和行为关系对信息预测具有促进作用。其次,在分别缺少融合机制、存储器以及多头注意力的实验中,实验结果相比 HGACN 模型均有一定下降,说明这三者均可以在行为关系和社交关系基础上进一步提高信息预测性能。然而 HGACN 模型使信息预测的性能得到进一步的提升,这表明只有考虑到社交关系、行为关系等因素,才能使得实验结果更加准确。

6.3.3.3　参数调优实验

为了使实验结果更具说服力,本节利用 Twitter 数据集对一些参数的设置进行

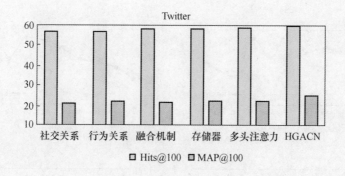

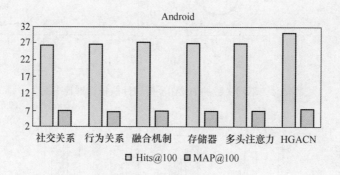

图 6.3 HGACN 模型上的消融实验

（a）Twitter；（b）Android

实验,验证最优的参数设置。

（1）多头注意力头数。

HGACN 模型利用带有掩码的多头注意力将学习到的用户表示进行信息预测,由于注意力机制在实验过程中根据不同头数投影的特征情况表现出不同的性能,因此,将注意力头数设置为 $\{2,4,6,8,10,12,14,16,18,20\}$,得到的实验结果如图 6.4 所示。HGACN 模型的性能随注意力头数的增加不断提升,综合 4 个指标看,当注意力头数为 14 时,模型的性能达到最优。当注意力头数继续增多时,模型过拟合导致性能并没有得到改善,甚至得到极大的下降,很不稳定,因为本章将注意力机制的头数设置为 14。

（2）模型维度的影响。

研究节点表示嵌入维度对模型性能的影响的实验结果如图 6.5 所示。当 $D \in$

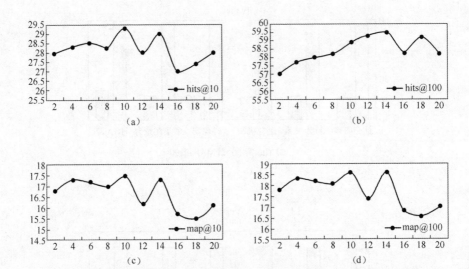

图 6.4 不同头数的 HGACN 模型性能指标对比分析

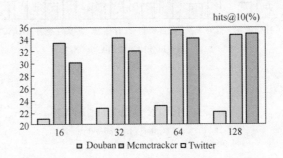

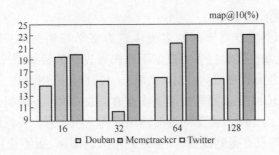

图 6.5 不同维度性能指标对比分析

（a）hits@ 10%；（b）map@ 10%。

{16,32,64,128}时,验证 ASTHGCN 模型方法的性能。由图 6.5 可知,模型性能随着模型维度的增加得到提高。当 $D = 64$ 时,用户的性能达到最优。当维度继续增加时,性能得不到明显提高,甚至有所下降,可能是数据过大使其过拟合导致,综合 3 个数据集上的性能指标,本章将维度设置为 64。

参 考 文 献

[1] Geng J,Yang C,Li Y,et al. MPA-RNN:a novel attention-based recurrent neural networks for total nitrogen prediction[J]. IEEE Transactions on Industrial Informatics,2022,18(10):6516-6525.

[2] Bai Y,Wu X,Özgür A. Information constrained optimal transport:Fromtalagrand,to marton,to cover[J]. IEEE Transactions on Information Theory,2023,69(4):2059-2073.

[3] Chen X,Zhang F,Zhou F,et al. Multi-scale graph capsule with influence attention for information cascades prediction[J]. International Journal of Intelligent Systems,2022,37(3):2584-2611.

[4] Chefer H,Alaluf Y,Vinker Y,et al. Attend-and-excite:Attention-based semantic guidance for text-to-image diffusion models[J]. ACM Transactions on Graphics(TOG),2023,42(4):1-10.

[5] Mo X,Huang Z,Xing Y,et al. Multi-agent trajectory prediction with heterogeneous edge-enhanced graph attention network[J]. IEEE Transactions on Intelligent Transportation Systems,2022,23(7):9554-9567.

[6] 熊礼治,朱蓉,付章杰. 基于交易构造和转发机制的区块链网络隐蔽通信方法[J]. 通信学报,2022,43(8):176-187.

[7] 赵成亮,陈远平. 基于异构图嵌入的论文个性化推荐算法[J]. 数据与计算发展前沿,2023,5(6):153-160.

[8] Ning Z,Wang Z,Liu Y,et al. Memory-enhanced appearance-motion consistency framework for video anomaly detection[J]. Computer Communications,2024,216:159-167.

[9] 莫祖英,王垲烁,赵悦名. 社交媒体用户虚假信息:从众传播行为影响模型实证研究[J]. 情报资料工作,2023,44(1):72-81.

第7章 基于边学习的多特征融合谣言检测方法

社交网络谣言具备文本语义和传播结构两个方面的特征,丰富的研究成果表明,将两种特征融合来实现谣言检测往往具有更好的效果。因此,挖掘更高质量的特征信息成为提高谣言检测效果的主要手段。以往的谣言检测模型大多使用RNN 及其变种网络如 BiLSTM 从微博(推特)源文的信息提取文本语义特征,以RNN 为代表的循环神经网络在处理文本序列数据时具有一定的优势,这种方式简单高效,但循环神经网络无法解决长距离依赖的问题,当数据集过大,文本序列过长时,长距离的信息会被弱化,且在并行计算方面存在缺陷。注意力机制的出现,很好地解决了这些问题,此外注意力机制能够在大量的信息中关注重点,挖掘深层语义信息,所需的计算资源大大降低。

为了进一步提高文本语义特征的质量,本书利用注意力机制从大量谣言中提取深层文本语义特征。此外,Bian 等利用图卷积神经网络来提取谣言的传播和扩散特征,实现了良好的效果,受此工作启发,本书以图卷积神经网络为基础来提取谣言传播结构特征。考虑到进一步提高传播结构特征的质量,本书还引入了边学习模块(Edge-learning),加入了 Edge-learning 模块的图卷积神经网络不仅能够提取谣言的传播结构特征,还能使图卷积网络在聚合节点信息的过程中调节节点之间边的权重。本章提出的基于边学习的特征融合谣言检测模型(Attention Graph Convolutional Network with Edge-learning, AEGCN)可以有效提高谣言的特征质量,实验结果也表明本章提出的模型具有较好的检测效果。

7.1 谣言检测与文本分类技术

谣言检测技术主要依赖于机器学习和深度学习,一般将其视为自然语言处理领域下的子课题,其也涉及社交网络及信息传播的相关知识,常用的方法包括基于文本特征的方法,如语义分析、情感分析和事实检测;基于网络结构的方法,如社交网络分析和传播模型;基于深度学习的方法,如卷积神经网络和循环神经网络。还有一些基于人工智能和深度学习的技术,如视觉检测和语音识别技术,也可以用于谣言检测。目前谣言检测技术主要针对社交网络平台的文本信息,因此,可以将谣言检测技术抽象地看作文本分类技术的一种特例。

文本分类是自然语言处理领域中常见的任务,指的是将文本信息按照指定的分类规则和目标进行自动划分类别的过程,常见的文本分类任务包括谣言检测、新闻分类、垃圾邮件过滤等。文本分类的效果如何关键在于能否找到优秀的分类器函数,以二分类为例,分类过程的表达式为

$$f:C_i \to Y_i \tag{7.1}$$

式中:f 为分类器函数;C_i 为待分类的文本;Y_i 为分类器给出的标签。

文本分类一般包括文本预处理、分词、模型构建和分类几个过程。文本分类技术经历了基于词匹配、基于知识工程和基于机器学习等主要发展阶段,随着深度学习的发展,神经网络在文本分类技术上得到了广泛的应用。本章主要针对基于深度学习的谣言检测技术进行研究,而基于深度学习的文本分类技术作为其基础领域,值得进一步展开介绍。目前使用深度学习实现文本分类主要有两个实现路径,其一是构建训练新的词向量模型,实现高质量的文本到向量转化过程,即优化词嵌入过程,如词袋模型和 Google 提出的 Word2vec 模型;另一种则是通过构建有效的神经网络,更好地提取文本信息中的深层特征,利用高质量的特征实现较好的分类效果,例如 Kim 等人在 CNN 的基础上构建了 TextCNN,包含词向量层、卷积层、最大池化层、全连接层和 Softmax 五层网络结构。文本分类技术在这两个方向上的发展很大程度上推动了谣言检测技术的进步。

7.2 谣言传播特征

根据 Vosoughi 等人的研究,谣言与真实信息在社交网络中传播时呈现不同的传播结构特点。与真实信息相比,谣言信息产生后扩散速度更快,传播级联更深,影响范围更广。其中传播级联被定义为当一条微博或推特帖子发布后,用户对其进行评论或转发所形成的一系列层次信息,一个传播级联可以看作是一条不间断的转发链,该转发链上的信息拥有一个共同的源帖;不同的传播级联是针对同一事件的不同层次信息,它们的产生是相互独立的,一条谣言的传播可以包含一个或多个级联,而一条信息的传播级联数量等于该事件或说法被用户独立发帖的次数。图 7.1 为信息传播级联示意图。

图 7.1 中,若微博 A 与微博 B 与同一事件相关,则称该事件有两个传播级联。针对该示意图,给出与信息传播级联有关的概念定义:

(1) 传播级联深度:从传播末端节点到源节点的边的数量,级联中的最大深度称为级联深度 D。即

$$D = \max(d_i), 0 \le i \le n \tag{7.2}$$

式中:n 为节点数量。故图 7.1 中以微博 A 为源头的传播级联深度为 3,以微博 B 为源头的传播级联深度为 2。

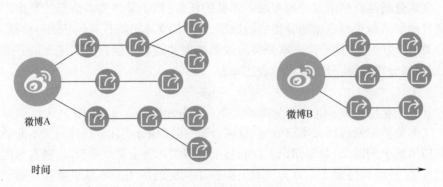

图 7.1　信息传播级联示意图

（2）传播级联大小：传播级联的大小与参与该级联的独立用户数量有关,如转发微博或推特的用户数。在图 7.1 中以微博 A 为源头的传播级联大小为 11,以微博 B 为源头的传播级联大小为 7。

（3）传播级联最大宽度：传播级联宽度 b_i 定义为某个传播深度上的用户数量,则最大宽度为

$$B = \max(b_i), 0 \leqslant i \leqslant d \tag{7.3}$$

式中: d 为级联的深度。故图 7.1 中以微博 A 为源头的传播级联在第三层的宽度为 4,以微博 B 为源头的传播级联在第二层的深度为 3。

（4）结构病毒性：根据 Goel 等人的定义,传播级联的结构病毒性是级联中所有节点对之间的平均距离,某个传播级联的病毒性为

$$v = \frac{1}{n(n-1)} \sum_{i=1}^{n} \sum_{j=1}^{n} d_{ij} \tag{7.4}$$

式中: n 为节点数量; d_{ij} 为节点 i 和节点 j 之间的最短路径长度。

（5）互补累计分布函数（Complementary Cumulative Distribution Function,CCDF）：衡量一个分布函数大于指定数值 a 的概率,即

$$F_X(a) = P(X > a) \tag{7.5}$$

式中: a 为给定的数值。此处使用 CCDF 值来衡量谣言和真实信息在传播过程中的各项指标。当一条谣言在社交网络中产生后,其传播级联深度、大小、宽度和结构病毒性都会逐渐增加。图 7.2 显示了谣言和真实信息在传播过程中产生的传播结构差异。

图 7.2(a) ～ (d)从级联深度、大小等不同角度下衡量谣言和真实信息的 CCDF 值,图 7.2(e)、(h)则通过计算谣言和真实信息传播到一定程度时分别所需要的时间来反映它们之间的传播差异,图 7.2(g)反映谣言和真实信息达到一定的传播级联深度时分别所涉及的用户数量,而图 7.2(h)则反映了二者在最大宽度上的区

别。图 7.2 表明谣言的传播级联深度更大,接触到的用户总数和每个深度上的参与用户更多,结构病毒性更强,在达到相同的传播效果时,谣言所需要的平均时间更短,即谣言的传播速度更快。此外,大部分谣言的传播级联数量在 1000 以下,而真实信息的传播级联数量则超过了 1000。总而言之,谣言和真实信息在传播级联深度、大小、最大宽度以及结构病毒性等指标上存在较大差异,这为挖掘谣言的传播结构特征来实现谣言检测提供了有力的理论支撑。

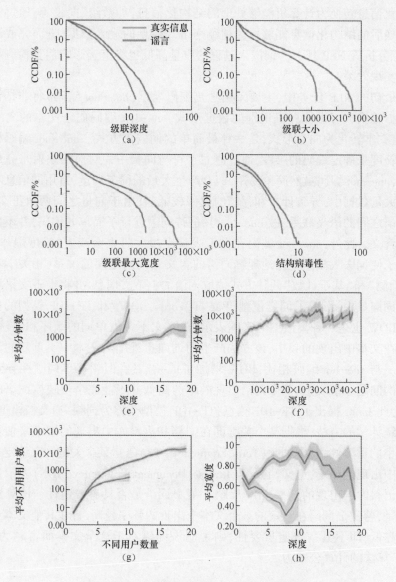

图 7.2 谣言和真实信息的传播差异(见彩图)

7.3 词嵌入模型

词嵌入是自然语言处理领域中一种重要的技术,它可以将词语转换为向量形式,使得计算机能够理解词语的语义和词语之间的关系。人类的语言和文本是一种非结构化的数据信息,无法直接被计算机处理。因此,需要使用词嵌入将文字等非结构化信息转换为计算机能够处理的结构化信息,如数组、向量等,通过词嵌入模型转换后的结构化信息能够作为神经网络等模型的输入数据,进而完成谣言检测、情感分析等 NLP 任务。词嵌入过程的质量高低也将直接影响谣言检测等下游任务的实现效果。

在最初的 NLP 任务中,主要采用独热编码模型(one-hot 编码)将非结构化的文本数据转换成可供计算机识别的数据形式,one-hot 编码属于文本的离散型表示,它将文本转化为向量形式,是一种最简单的词嵌入方式。one-hot 编码根据词汇表的长度来确定编码的维度,通过建立字符与向量一一对应的映射来完成词嵌入过程,one-hot 编码虽然简单易用,但会产生大量的稀疏向量,有用的信息零散地分布在大量数据中,导致计算和存储的效率较低,且由于向量之间两两正交,无法反映词语之间的语义联系,故 one-hot 只是将词语进行了简单的编码,并不能表达词语的含义。此外,one-hot 编码在词汇表长度过大时也会产生"维度爆炸"的问题。为了使词嵌入模型更好地理解词语的含义和词语之间的关系,相关学者通过"基于预测"和"基于计数"两种方式提取词语的上下文信息,并将上下文语境信息增加到词向量中,形成了词袋模型(Bag of Words,BOW)和 TF-IDF 模型的词嵌入方法。BOW 也是一种离散型的文本表示方法,它不考虑单词的顺序和语法,只关注单词在文本中出现的频率,该方法产生的词向量维度与文本中不重复的词的数量有关。与 one-hot 编码相比,BOW 增加了词频信息,但忽略单词顺序导致了语义不明的问题。事实上,某个词语出现频率的高低并不能完全反映该词语的重要程度,为此 Jones 提出了 TF-IDF 模型,TF-IDF 模型全称为词频-逆文档模型,该模型基于统计学的方法,根据某个关键词在文档和语料库中出现的频率来估算该词在文本中的重要性,其中词频(Term Frequency,TF)是指某个关键词在给定的语句或文本中出现的频率,逆文档频率(Inverse Document Frequency,IDF)表示某个关键词在语料库中出现的频率,IDF 反映了某个词语是否具有普遍性。该算法的核心思想是,若一个词语在给定的某个文本中出现的频率越高,且在其他文本中出现的频率越低,即不具备普遍重要性,则说明该词语对于这个文本而言越为重要。TF-IDF 算法的计算公式为

$$\begin{cases} \mathrm{TF}(d,w) = \dfrac{\mathrm{count}(d,w)}{\mathrm{count}(d,*)} \\[3mm] \mathrm{IDF}(w) = \log\dfrac{N+1}{N(w)+1} + 1 \\[3mm] \mathrm{TF-IDF}(w) = \mathrm{TF}(d,w) * \mathrm{IDF}(w) \end{cases} \qquad (7.6)$$

式中: $\mathrm{count}(d,w)$ 表示单词 w 在文档 d 中出现的次数; $\mathrm{count}(d,*)$ 表示文档 d 的总词数; N 表示语料库中的文档总数; $N(w)$ 表示包含单词 w 的文档数量。通过计算词频和逆文档频率,TF-IDF 在获取词语重要性程度上取得了差强人意的效果,但由于 TF-IDF 只关注与词频相关的统计,没有考虑词语之间的语义关系,因此在词嵌入上的表现还有待提高。

上述离散型词向量表示方法虽然取得了一定的进展,但都存在维度爆炸和难以挖掘词语之间语义联系的问题。为此发展出了分布式词嵌入方法,如 Google 提出的 Word2vec 模型,该模型是目前 NLP 领域最为常用的词嵌入方法,Word2vec 通过预测词语之间的关系来表示词向量,这些词向量可以反映词语之间的相似性和语义上的联系,并且可以用来执行诸如词语类比和词向量算术等操作。Word2vec 包含两种语言训练模式:Skip-Gram 和 CBOW,并提供负采样和层次化 softmax 两种技术来优化模型训练速度。CBOW 适合文本数据较小的情况,而 Skip-Gram 在大型语料库中表现更好。CBOW 模型和 Skip-Gram 模型示意图分别如图 7.3(a) 和图 7.3(b) 所示。

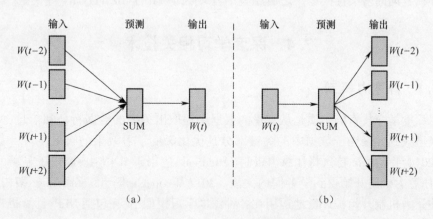

图 7.3 Word2vec 示意图

(1) CBOW 模型。

CBOW 模型又称为连续词袋模型,该训练模型通过预测中心词来学习词语的向量表示,即利用上下文词汇预测当前的词语。CBOW 模型包含三层结构,分别是输入层、投影层和输出层。在输入层中,CBOW 模型通过向量表示函数,将文本中的词语转换得到若干个结构化的向量形式,投影层将这些词语向量进行累加求和并乘以维度转换矩阵,最后在输出层通过层次化 Softmax 计算各个备选中心词的概率值,将概率值最大的中心词向量输出便得到了所求的目标单词向量。CBOW 模型结构图如图 7.3(a)所示。

(2) Skip-Gram 模型。

Skip-Gram 模型又称为跳词模型,与 CBOW 模型相反,其核心思想是根据目标单词来推测其上下文词语。Skip-Gram 模型包含三层结构,分别是输入层、投影层和输出层。在输入层输入中心词,并将其转换为结构化的向量形式,将其作为投影层的输入向量,投影层根据窗口值决定需要映射的词语的数量并计算它们的概率值,最后在输出层根据备选的概率决定将哪些词语向量输出。Skip-Gram 模型通过前向计算来得到所需要输出的词向量,其计算过程为

$$p(\boldsymbol{w}_0|\boldsymbol{w}_i) = \frac{e^{\boldsymbol{U}_0 \cdot \boldsymbol{V}_i}}{\sum_j e^{\boldsymbol{U}_j \cdot \boldsymbol{V}_i}} \tag{7.7}$$

式中:$\boldsymbol{w}_i$ 为输入的词向量;$\boldsymbol{w}_0$ 为模型输出的词向量;$\boldsymbol{V}_i$ 为 Embedding 层矩阵里的列向量,也称为 $\boldsymbol{w}_i$ 的输入向量;$\boldsymbol{U}_j$ 为 Softmax 层矩阵里的行向量,也称为 $\boldsymbol{w}_i$ 的输出向量。故 Skip-Gram 模型的核心是计算给定词语的输入向量和目标词语输出向量之间的余弦相似度,并通过 Softmax 层进行归一化处理。相比于词袋模型等离散型表示方法,Word2vec 挖掘了词语之间语义联系,实现了更好的词嵌入效果,但依然存在着词的多义性问题。之后相关学者又陆续提出了 BERT、GPT 等模型。

7.4　深度学习相关技术

7.4.1　注意力机制

深度学习技术的本质是从大量的数据中提取出关键的数据特征和信息,如何使模型找到并聚焦于数据中的关键部分是优化深度学习效果的有效手段。基于此,2014 年 Google 首次将注意力机制(Attention)应用于 RNN 上,取得了显著的效果,注意力机制开始得到学者们的关注。2017 年 Google 提出 Transformer 架构,自此注意力机制开始被广泛地运用在各种深度学习模型中,在包括 NLP,计算机视觉在内的各类任务中大放异彩。

注意力机制是一种神经网络结构,它允许模型在处理输入的同时关注其特定部分。换言之,它允许模型有选择地专注于输入的某些部分,而不是平等地处理整个输入。注意力机制的核心思想在于通过学习为重点信息赋予更高的权重,并将各类信息的权重进行加权求和。注意力机制可以看作是一种通用的网络模块,它主要与 Encoder-Decoder 框架结合起来,可以应用于任何模型之中。加入了注意

力机制的 Encoder-Decoder 框架如图 7.4 所示。

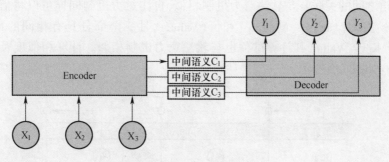

图 7.4　Encoder-Decoder 框架

图 7.4 中,X 在 NLP 任务中可以看作是输入的文本序列,Encoder 则是对输入的文本序列进行编码的场所,经过语义编码转化为中间语义 C 后,交由 Decoder 进行解码,Decoder 根据中间语义 C 和当前已经生成的历史信息来生成下一时刻的输出文本,如机器翻译等。目前使用最为广泛的注意力机制包括软注意力机制、自注意力机制和多头注意力机制。

（1）软注意力机制。

软注意力机制是最基础的注意力机制模型,软注意力机制可以将源输入看作是由键值对<key, value>构成的,若给定目标值中某个元素 Query,则能够计算得到 Query 和 key 之间的相关性,从而计算 key 值所对应的 value 值得权重系数,最后通过 Softmax 函数进行归一化操作,对权重系数和 value 值进行加权求和后得到最终得注意力分数。在大多数 NLP 任务中,key 和 value 的值是相等的。在该机制中,注意力分数由式(7.8)计算得出。

$$\begin{cases} \alpha_i = \text{Softmax}(s_i) = \dfrac{\exp(s_i)}{\sum\limits_{j=1}^{N} \exp(s_j)} \\ \text{Attention}((K,V),Q) = \sum\limits_{i=1}^{N} \alpha_i v_i \end{cases} \quad (7.8)$$

式中: s_i 为相似度计算函数得到相似度分数; N 为句子长度; α 为相似度分数经归一化后得到的权重系数,再对 value 进行加权求和即得到最终的注意力分数。

（2）自注意力机制。

自注意力机制（Self-Attention Mechanism）是注意力机制的一种变体结构,最早由 Google 在 2017 年提出,并在其 Transformer 模型中得到了广泛应用,现已广泛运用于各类 NLP 任务中,尤其在序列到序列(seq2seq)任务如机器翻译和文本生成中具有非常优秀的表现。与基础的软注意力机制相比,自注意力机制减少了对外部信息的依赖,更擅长捕捉和聚焦数据或特征的内部相关性,如同一个句子内部不同词语之间的关联。与软注意力机制相似,自注意力机制同样可以将信息看作3个部分:查询(Query)、键(Key)和值(Value),且3个部分具有相同的数值,即Query = Key = Value,其计算过程也与软注意力机制相似。计算相似度及加权求和的过程如图 7.5 所示。

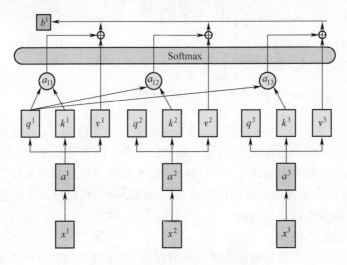

图 7.5　自注意力机制示意图

图 7.5 中,$x = \{x_1, x_2, \cdots, x_n\}$ 表示输入序列,α 表示注意力分布值,此处采用点积(Dot-Product)的方式计算相似度,注意力分数 b 的计算过程为

$$b^1 = \sum_{i=1}^{N} \alpha_{1,i} v^i = \sum_{i=1}^{N} \frac{\exp(q^1 \cdot k^i)}{\sum_{j=1}^{N} \exp(q^1 \cdot k^j)} v^i \qquad (7.9)$$

式中:N 为输入序列的长度;α 为注意力分布值。

在语言模型中,自注意力机制可以用来计算同一输入序列上下文中每个单词对于当前单词的重要性,并以这些重要性作为权重来加权计算输出,或挖掘同一句子中单词之间的关联。通过这种方式能够解决长序列依赖问题,提高模型并行计算效率,并提高模型的准确率。

(3) 多头注意力机制。

多头注意力机制(Multi-Head Attention Mechanism)是 Google 在 Transformer 模型中提出的一种注意力机制,与上述两种注意力机制不同的是,多头注意力机制增加了注意头(Attention Head),因此,可以在不同的位置之间并行地进行多次注意力计算来提升模型的效果。在多头注意力机制中,每个注意头都有各自的线性变换来计算并输出相互独立的权重系数,最后对所有注意头的输出结果进行拼接和

116

线性变换,以得到综合的输出结果。

多头注意力机制具有多个注意头,每个注意头可以关注输入序列的不同部分,从不同的角度和层面来提取更多的数据特征。如一个输入序列中有多个不同的词汇,可以分配一个注意头来关注词汇之间的语义联系,而分配另一个注意头来关注词汇的语法关系。多头注意力机制常常与自注意力机制结合使用,使模型更加灵活强大。

7.4.2　图卷积网络

随着深度学习的发展,人们对于处理图结构数据的需求也日渐增长,传统神经网络模型如 CNN、RNN 无法很好的处理图结构数据,为了处理图结构数据,Bruna等人提出了首个图卷积网络(Graph Convolutional Network, GCN),基于图谱理论在谱空间上定义了图卷积。GCN 是一种在图结构数据上进行卷积运算的神经网络,它可以用来处理图数据等非结构化的数据,如社交网络、分子结构、交通网络等。GCN 的核心理论是在非欧式的图结构上定义卷积运算,采用对图上相邻节点信息进行聚合的方式来更新特定节点的特征。图卷积的本质是找到适用于图结构数据的可学习卷积核。图 7.6 是图卷积神经网络示意图。

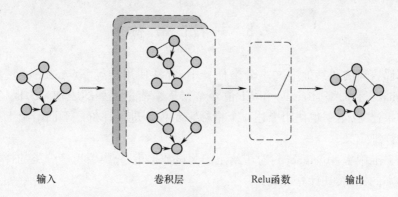

图 7.6　图卷积神经网络

图 7.6 中,图卷积的输入是整张图结构,在卷积层中,对图中每个节点的邻居节点都进行一次卷积操作,并用卷积的结果对该节点的隐藏状态进行更新,再经过激活函数的处理,如此往复,得到图中每个节点最终的状态信息,最后利用局部输出函数对节点最终的状态信息进行处理,将节点状态信息转换为与具体任务有关的标签,作为具体任务的输出,如谣言检测、节点分类等。

图卷积网络主要分为两类:基于谱方法的图卷积和基于的空间方法的图卷积。前者从谱域上定于图卷积,如切比雪夫网络(Cheybyshev Spectral CNN, ChebNet);后者将卷积操作定义在节点之间的连接关系上,使用聚合函数更新节点的隐藏状态,如消息传递网络(Message Passing Neural Network,MPNN),MPNN 由消息传递和状态更新两部分组成,其单个节点的隐藏状态的更新计算过程为

$$h_v^{l+1} = U_{l+1}(h_v, \sum_{u \in ne[v]} M_{l+1}(h_v^l, h_u^l, x_{vu})) \tag{7.10}$$

式中:l 为图卷积网络的层数;$M_l(\cdot)$ 和 $U_l(\cdot)$ 分别为消息传递函数和状态更新函数;x 为某个节点的特征;h 为某个节点在图卷积网络对应某层上的隐藏状态。对于整个图结构而言,其卷积原理可以看作是"消息传递(message-passing)"的过程为

$$H_k = M(A_k, H_{k-1}, W_{k-1}) \tag{7.11}$$

式中:H_k 和 H_{k-1} 分别为图卷积层(Graph Conventional Layer,GCL)在第 k 和第 $k-1$ 层得到的隐含特征矩阵;A 为对应图结构的邻接矩阵;W 为网络中的可学习参数;M 为消息传递函数。

现实世界中存在着大量的真实场景需要利用图数据进行建模分析,因此图卷积网络应用场景广泛,适用任务丰富。在社交网络分析领域,常常构建传播图结构并使用图卷积网络来提取传播图中的隐藏特征,从而完成节点分类、链路预测和谣言检测等下游任务。

7.5 评价指标

在谣言检测和其他的文本分类任务中,常常使用准确率(Accuracy)、精确率(Precision)、召回率(Recall)和 $F1$ 值 4 个指标来衡量模型的表现。为保持一致,便于结果比对,本书也使用上述 4 个指标来对模型进行评价。下面给出上述 4 个指标的详细定义。

(1)准确率(Accuracy):对于给定的测试数据集,分类器正确分类的样本数占全部样本的比例,其计算方式为

$$Accuracy = \frac{TP + TN}{TP + TN + FP + FN} \tag{7.12}$$

(2)精确率(Precision):在模型分类的结果中,分类为正的样本中实际真正的正样本所占的比例,其计算方式为

$$Precison = \frac{TP}{TP + FP} \tag{7.13}$$

(3)召回率(Recall):又名查全率,在所有正样本中,被正确分类为正类别的比例,其计算方式为

$$Recall = \frac{TP}{TP + FN} \tag{7.14}$$

118

(4) $F1$ 值:结合了精确率和召回率的综合性指标,$F1$ 值越高,代表模型的表现越好,其计算方式为

$$F1 = 2 * \frac{\text{Precision} * \text{Recall}}{\text{Precision} + \text{Recall}} \tag{7.15}$$

式(7.12)~式(7.15)中:TP(True Positive)表示被判定为正样本,实际上也是正样本的样本数量;FP(False Positive)表示被判定为正样本,但实际上是负样本的样本数量;TN(True Negative)表示被判定为负样本,实际上也是负样本的样本数量;FN(False Negative)表示被判定为负样本,但事实上是正样本的样本数量。

7.6 基于边学习的多特征融合谣言检测模型

7.6.1 传播结构图构建

Ma 等通过构建传播树的结构来提取谣言在传播过程中所产生的结构信息,但传播树的结构只考虑了源微博下的转发关系,忽略了不同源微博因共同用户的转发及评论而产生的联系,因此,本章构建传播图来提取传播特征。本章基于评论-转发关系为每个事件 C_i 构建传播结构 $G\langle V,E \rangle$,其中 V 是图中的节点集合,包含微博节点和用户节点。G 中表示不同事件的节点 v_i 之间因共同用户 u_i 的参与形成边 e_i。传播结构图构建过程如图 7.7 所示。

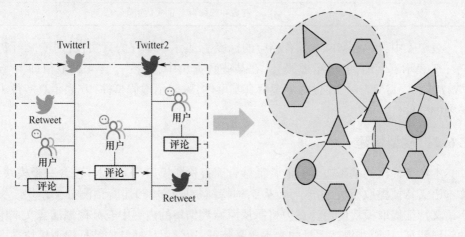

图 7.7 传播图构建

其 7.7 中,圆形代表源微博,三角形代表用户,六边形为源微博下的评论或转发信息,将实际的信息传播过程建模为异构图 G,便于后续图卷积网络的处理。使用矩阵 $A \in \mathbb{R}^{n_i \times n_i}$ 和 X 分别表示 G 的邻接矩阵和事件 C_i 的特征矩阵,并在这两

个矩阵的基础上构建图卷积网络。由于传播图 G 的结构复杂,为防止在图卷积训练过程中发生过拟合的现象,本章在每个训练 epoch 中采用 DropEdge 的方式来随机丢弃 G 中一些边,通过该方法能够增强原始数据的多样性和随机性。假设在传播图 G 中边 e_i 的总数量为 N_e,对边进行丢弃的概率为 p,则经过 DropEdge 后的邻接矩阵 A' 为

$$A' = A - A_{drop} \tag{7.16}$$

式中:A_{drop} 为对 G 中的边集合 E 进行随机采样后形成邻接矩阵。该邻接矩阵中边的数量为 $N_e \times p$。本章所提出模型中使用到的公式及变量符号的定义如表 7.1 所示。

表 7.1　变量定义表

变量	定　义
r_i	源微博的第 i 条转发或评论
s_i	第 i 条微博,每条包含若干评论或转发信息,$s_i = \{r_1, r_2, r_3 \cdots r_n\}$
C_i	包含一系列相关微博的某个事件,$C_i = \{s_1, s_2, s_3 \cdots s_n\}$
t_i	微博 i 发布的时间
U	发布或参与转发微博的用户集合,$U = \{u_1, u_2, u_3 \cdots u_{|U|}\}$
V	传播结构图中的节点集合,$V = \{v_1, v_2, v_3 \cdots v_n\}$
E	传播结构图中的边集合,$E = \{e_1, e_2, e_3 \cdots e_n\}$
G	传播结构图,$G = \langle V, E \rangle$
$\mathbb{R}^{n_i \times n_i}$	行数和列数为 n_i 的实数矩阵

表 7.1 中,每个事件 C_i 都有相应的标签 y_i 表示该事件的真实性,即 $y_i \in \{T, F\}$ (T 表示真实的, F 表示虚假)。在某些数据集中,标签 y_i 含 4 种取值即 $y_i \in \{N, T, F, U\}$ (N 表示非谣言, T 表示真实事件, F 表示虚假事件, U 表示真实性未确定的事件)。

7.6.2　模型构建

本章所提出的基于边学习的特征融合谣言检测模型(AEGCN)包含三个模块:文本语义特征提取模块,边学习传播结构特征提取模块和谣言预测分类模块。文本语义特征提取模块使用注意力机制从原始数据集的内容中充分挖掘谣言文本中的深层特征,从而获得高质量的文本语义特征;边学习传播结构特征提取模块在图卷积神经网络的基础上,利用边学习模块增强边结构信息,从而得到更高质量的传播结构特征。将两个模块分别提取的特征进行融合,产生的新特征对微博谣言有着更好的表示,分类器根据最后的融合特征进行谣言的判别。图 7.8 是基于边学习的多特征融合谣言检测模型的模型结构图。

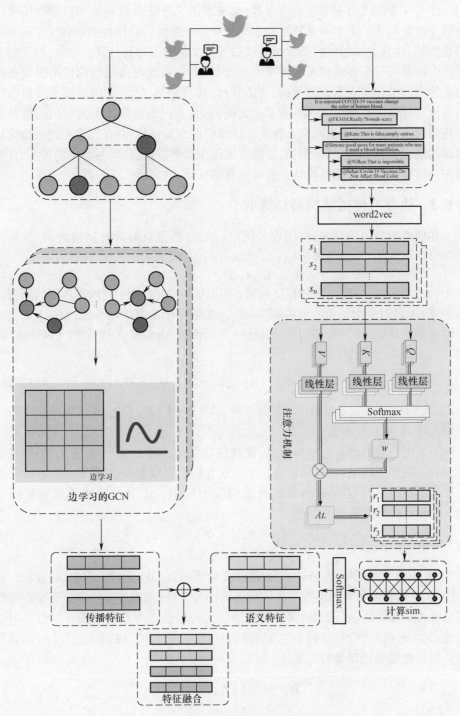

图 7.8　AEGCN 模型结构

图 7.8 中的模型主要包含两个部分:文本语义特征提取模块和边学习传播结构特征提取模块。文本语义特征提取模块充分挖掘微博或推特中谣言文本的有效信息,利用注意力机制将多条源推特或微博的文本内容进行计算并融合,使用融合后产生的新特征来表示每条源博文 s_i 或事件 C_i 。边学习传播结构特征提取是使用传播图的结构来表示微博数据,将源微博、转发微博、评论和用户作为传播图中的节点,根据评论-转发关系构建节点之间的边,不同的源微博通过相同的参与用户连接起来,利用图卷积网络来提取传播图中的结构信息,并在图卷积网络聚合边信息的基础上,利用边学习模块,更新传播图中边的权值,边学习模块的加入,让图卷积网络提取到的传播结构特征具有更高的质量。

7.6.3 边学习传播结构特征提取

在处理图结构信息方面,图卷积网络(GCN)是最有效神经网络之一,其卷积原理可以看作是"消息传递(Message-Passing)"的过程:

$$H_k = M(A_k, H_{k-1}, W_{k-1}) \tag{7.17}$$

式中:H_k 和 H_{k-1} 分别是图卷积层在第 k 层网络和第 $(k-1)$ 层网络得到的隐含特征矩阵;A 是对应图结构的邻接矩阵;W_{k-1} 为网络中的可学习参数;$M(\cdot)$ 为消息传递函数(Message Propagation Function)。根据 Kipf 等人提出的 ChebNet,式(7.17)可以写为

$$H_k = M(A_k, H_{k-1}, W_{k-1}) = \sigma(\hat{A}_k, H_{k-1}, W_{k-1}) \tag{7.18}$$

式中:$\hat{A} = \tilde{D}^{-\frac{1}{2}} \tilde{A} \tilde{D}^{-\frac{1}{2}}$ 为正则化的邻接矩阵,$\tilde{A} = A + I$;$\tilde{D}_{ii} = \sum_j \tilde{A}_{ij}$ 表示第 i 个节点的度;$\sigma(\cdot)$ 为激活函数。

为了更有效地增强边结构信息,提高传播结构特征质量,本章在 GCN 的基础上加入了边学习模块,该模块包含一个新的卷积层和激活函数,从而使图卷积网络在聚合节点信息的过程中调节节点之间边的权重。边学习模块通过转换函数 $f_e(h; \theta_t)$ 来更新图的邻接矩阵。

$$\begin{cases} g_k = f_e(\| h_i^{k-1} - h_j^{k-1} \|; \theta), \\ A_k = \sigma(W_k g_k + b_k) \cdot A_{k-1} \end{cases} \tag{7.19}$$

式中:h 为隐含特征矩阵;$\sigma(\cdot)$ 为 sigmoid 激活函数;W_k 为可学习参数。因此,在使用 GCN 来聚合和学习节点和边的信息的同时,传播图的节点信息和邻接矩阵能够通过边学习模块进行更新,从而增强边结构的信息。本章使用嵌入了边学习模块的 GCN 来提取微博(推特)的传播结构特征,根据式(7.18)和式(7.19)能够得到传播结构图 G 的隐含特征矩阵:

$$\begin{aligned} H_1 &= \sigma(\hat{A} X W_0), \\ H_k &= \sigma(\hat{A}_k H_{k-1} W_{k-1}) \end{aligned} \tag{7.20}$$

式中：$H_1 \in \mathbb{R}^{n \times v_1}$ 为 GCN 中第一层的特征矩阵；$W_0 \in \mathbb{R}^{d \times v_1}$ 为参数矩阵。使用 ReLU 函数作为激活函数同时加入 Dropout 来降低过拟合的风险。经过 GCN 对节点的聚合，节点的表示已经包含了全局的结构信息，同时边学习模块的加入使 GCN 在聚合的过程中增强了边结构的信息。

7.6.4 文本语义特征提取

为便于模型对数据的处理，本章采用 Skip-gram 模型将微博（推特）文本内容转换为向量形式，由于不同微博（推特）文本的长度不一致，因此，需要统一文本长度。本章将每条微博（推特）文本长度设定为 L，若某条博文长度 $L_i < L$，则在该条博文的末尾处进行补 0 填充；若某条博文长度 $L_i > L$，则在该博文长度为 L 处进行分割。一条长度为 L_i 的博文向量表示 s 由该博文中单词向量 w_i 拼接而成。

$$s = \begin{cases} [w_1 \odot w_2 \odot w_3 \cdots \odot w_{L_i} \odot 0] & L_i < L \\ [w_1 \odot w_2 \odot w_3 \cdots \odot w_{L_i}] & L_i \geqslant L \end{cases} \tag{7.21}$$

式中：$\odot$ 为单词向量的拼接操作。

当博文长度不足 L 时，$\odot 0$ 表示拼接 0 向量。将文本的向量表示输入到 AEGCN 中，模型利用多头注意力机制来学习文本中的隐含语义特征。多头注意力机制结构如图 7.9 所示。

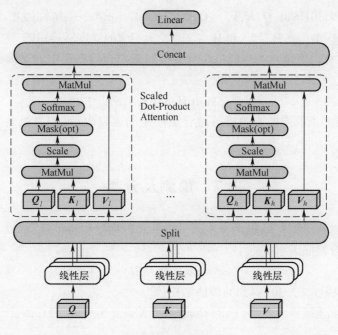

图 7.9　多头注意力

图 7.9 中：Q、K、V 分别为 Query $\in \mathbb{R}^{n_q \times d}$，Key $\in \mathbb{R}^{n_k \times d}$，Value $\in \mathbb{R}^{n_v \times d}$，是多头注意力机制的 3 个输入向量；$n_q$、$n_k$ 和 n_v 分别为这 3 个向量的长度；d 为词嵌入的维度。

多头注意力机制通过计算 Q 和 K 之间的相关性或相似度来得到权重系数，即

$$w = \text{Softmax}(\text{Sim}_i) = \frac{\exp(\text{Sim}_i)}{\sum_{j=1}^{Lx} \exp(\text{Sim}_j)} \tag{7.22}$$

式中：L_x 为博文长度；Sim 代表相似度，其计算方式如下：

$$\text{Sim} = \frac{QK^{\text{T}}}{\sqrt{d}} \tag{7.23}$$

再根据 w 对 V 进行加权求和得到注意力的数值：

$$\text{Attention}(Q,K,V) = \sum_{i=1}^{L_x} w_i \cdot V \tag{7.24}$$

通过注意力机制的计算，模型能够感知 Q 与 K 之间的隐含关系，同时 V 与表示隐含关系的权重系数进行加权求和能够得到新的 Q 向量。考虑到微博文本数据量较大，为捕捉到数据中更丰富的特征和信息，平衡不同权重参数带来的影响，模型使用多头注意力，每个注意力头 head_i 从不同的方面来捕捉 Q、K 和 V 之间的隐含关系，最终的多头注意力数值由多个 head_i 值进行拼接得到：

$$\text{head}_i = \text{Attention}(QW_i^Q, KW_i^K, VW_i^V) \tag{7.25}$$

$$\text{MultiHead}(Q,K,V) = \text{Concat}(\text{head}_1, \text{head}_2, \cdots, \text{head}_h)W \tag{7.26}$$

式中：W_i^Q、W_i^K、$W_i^V \in \mathbb{R}^{d \times d/h}$ 和 $W \in \mathbb{R}^{d \times d}$ 为相应的维度转换矩阵。当 $Q = K = V$ 时，称为自注意力机制。本章通过注意力机制来融合数据集中的微博或推特原文信息，根据式（7.26）有

$$R = \text{MultiHead}(S,S,S) \tag{7.27}$$

式中：R 为由多条源微博或源推特融合后产生的谣言表示；S 为源微博或源推特文本。

7.7 预测及分类

在得到微博（推特）数据的文本语义特征和传播结构特征后，本章将二者结合起来形成融合特征 F，即

$$F = \text{Concat}(R,H) \tag{7.28}$$

式中：H 为根据式（7.20）得到的传播结构信。

在经过全连接神经网络（Fully Connected Neural Network，FC）的计算后得到最终预测值：

$$y = \text{Softmax}(\text{FC}(F)) \tag{7.29}$$

式中:y 为用于判断谣言类别的概率值,通过该值的映射能够得到最终的标签。在训练中通过最小化预测值 y 与真实值 $\hat{y}$ 之间的交叉熵损失函数来最小化误差:

$$loss = -\sum_{k=1}^{K} \hat{y}_k \log y_k \qquad (7.30)$$

式中:y_k 为某个类别的预测值;$\hat{y}_k$ 为真实标签值;K 为类别的数量。

7.8 实验结果与分析

7.8.1 数据集及基准模型介绍

本章分别在 3 个真实数据集上验证提出的模型:Weibo、Twitter15 和 Twitter16,这三个数据集是中国和美国目前主流社交网络平台的真实数据集。数据集中的节点代表用户,边则表示转发–评论关系。Weibo 数据集中关于真实性的标签为 True Rumor(TR)或 False Rumor(FR),而 Twitter 数据集中关于真实性的标签有 4 个,分别为 True Rumor(TR)、False Rumor(FR)、Unverified Rumor(UR)和 None Rumor(NR)。数据集的详细信息如表 7.2 所示。

表 7.2 数据集信息

统　　计	Weibo	Twitter15	Twitter16
# of users	2,746,818	276,663	173,487
# of posts	3,805,656	331,612	204,820
# of events	4664	1490	818
# of True rumors	2351	374	205
# of False rumors	2313	370	205
# of Unverified rumors	0	374	203
# of Non-rumors	0	372	205
Avg. time length/event	2,460.7 Hours	1,337 Hours	848 Hours
Avg. # of posts/ event	816	223	251
Max # of posts/ event	59,318	1,768	2,765
Min # of posts/ event	10	55	81

这 3 个数据集是社交网络谣言检测任务中最常用的 3 个公开数据集,数据集中不仅包含谣言和非谣言的文本信息和真实性标签,还涵盖了用户相关的信息,谣言的具体发布时间等信息,因此普遍地被相关研究者们用作谣言检测的实

验数据。为使实验具有普遍性且易于比较,本章也使用这 3 类数据集进行相关实验。

以下几个模型在谣言检测领域中具有一定的代表性,将作为谣言检测模型的基准与本章提出的模型进行比较:

- DTC:一种依赖于手工提取特征的决策树分类器谣言检测模型。
- DTR:该方法通过正则表达式从 Twitter 信息流提取关键词并进行排序,再使用基于决策树的模型来对排序结果进行谣言检测。
- RFC:一种利用用户特征,内容特征和结构特征进行判别的随机森林分类模型。
- SVM-RBF:一种结合博文特征和 RBF 内核的 SVM 检测模型。
- SVM-TS:一种利用手工提取的特征来构建时间序列模型的 SVM 检测模型。
- PTK:该方法从传播树中学习时间序列结构并使用基于传播树内核的 SVM 分类器来进行谣言检测。
- GRU:一种利用 RNN 来提取推文序列信息的谣言检测模型。
- RvNN:一种使用树形结构循环神经网络来从传播结构中学习谣言特征的谣言检测模型。
- PPC:该方法将 CNN 与 RNN 相结合,并以此从谣言传播路径及用户特征中提取谣言特征。
- GLAN:该方法通过构建异质图,并通过联合异质图的本地和全局关系来进行谣言检测。
- VAE-GCN:该方法使用图卷积作为编码器和解码器来学习谣言的文本和传播信息,并利用这些信息进行谣言检测。

7.8.2 结果与分析

下述实验结果为本章提出的 AEGCN 在 Weibo、Twitter15 和 Twitter16 3 个数据集上的实验数据以及相关基准模型的实验数据。为方便比较,本文使用准确率(Accuracy)、精确率(Precision)、召回率(Recall)和 $F1$ 值($F1$ score)作为模型的评价指标,指标数据的取值为 0~1,数值越高则模型的表现越好。其中将 Weibo 数据集中的数据按照真实性标签分为两大类,分别为 True Rumor(TR)或 False Rumor(FR),而 Twitter15 和 Twitter16 数据集中的数据按照真实性标签分为四类,分别是 True Rumor(TR)、False Rumor(FR)、Unverified Rumor(UR)和 None Rumor(NR)。表中每行数据为不同模型的实际表现,每列为不同模型在相应指标上的实验数据。表 7.3~表 7.5 分别展示了 AEGCN 和各基准模型在 3 个数据集上的实验结果。

表 7.3　Weibo 数据集实验结果

方法	Acc.	FR			TR		
		Prec.	Rec.	$F1$	Prec.	Rec.	$F1$
DTC	0.831	0.847	0.815	0.831	0.815	0.824	0.819
DTR	0.732	0.738	0.715	0.726	0.726	0.749	0.737
RFC	0.849	0.786	0.959	0.864	0.947	0.739	0.830
SVM-RBF	0.818	0.822	0.812	0.817	0.815	0.824	0.819
SVM-TS	0.857	0.839	0.885	0.861	0.878	0.830	0.857
GRU	0.910	0.876	0.956	0.914	0.952	0.864	0.906
RvNN	0.908	0.912	0.897	0.905	0.904	0.918	0.911
PPC	0.921	0.896	0.962	0.923	0.949	0.889	0.918
VAE-GCN	0.944	0.968	0.921	0.940	0.917	0.964	0.936
AEGCN	0.931	0.929	0.922	0.925	0.920	**0.964**	**0.941**

表 7.4　Twitter15 数据集实验结果

方法	Acc.	$F1$			
		NR	FR	TR	UR
DTC	0.454	0.733	0.355	0.317	0.415
DTR	0.409	0.501	0.311	0.364	0.473
RFC	0.565	0.810	0.422	0.401	0.543
SVM-RBF	0.318	0.455	0.037	0.218	0.225
SVM-TS	0.544	0.796	0.472	0.404	0.483
PTK	0.750	0.804	0.698	0.765	0.733
GRU	0.646	0.792	0.574	0.608	0.592
RvNN	0.723	0.682	0.758	0.821	0.654
PPC	0.842	0.811	0.875	0.818	0.790
GLAN	0.890	0.936	0.908	0.897	0.817
VAE-GCN	0.856	0.749	0.795	0.905	0.809
AEGCN	0.885	0.829	0.899	**0.932**	**0.882**

表 7.5　Twitter16 数据集实验结果

方法	Acc.	$F1$			
		NR	FR	TR	UR
DTC	0.465	0.643	0.393	0.419	0.403
DTR	0.414	0.394	0.273	0.630	0.344

方法	Acc.	$F1$			
		NR	FR	TR	UR
RFC	0.585	0.752	0.415	0.547	0.563
SVM-RBF	0.553	0.670	0.085	0.117	0.361
SVM-TS	0.574	0.755	0.420	0.571	0.526
PTK	0.732	0.740	0.709	0.836	0.686
GRU	0.633	0.772	0.489	0.686	0.593
RvNN	0.737	0.662	0.743	0.835	0.708
PPC	0.863	0.843	0.868	0.820	0.837
GLAN	0.880	0.847	0.869	0.937	0.865
VAE-GCN	0.868	0.795	0.809	0.947	0.885
AEGCN	0.870	**0.906**	**0.908**	0.897	0.817

表 7.3 和图 7.10-(a)显示了 AEGCN 及其他基准模型在 Weibo 数据集上的实验结果,其中本章提出的 AEGCN 以 93.1% 的准确率(Acc.)成为表现较好的模型之一,与其他使用深度学习技术实现的谣言检测模型如 GRU,RvNN 和 PPC 相比,准确率分别提升了 2.1 个百分点,2.3 个百分点和 1 个百分点,表明了本章提出的 AEGCN 在检测效果上优于大部分的深度学习谣言检测模型。同时,AEGCN 在不同类型数据的其他指标上的表现也可圈可点,在精确率(Prec.),召回率(Rec.)和 $F1$ 值上的实验数据也优于绝大多数的基准模型,其中在 TR 数据上的召回率和 $F1$ 值分别达 0.964 和 0.961,与其他基准模型相比,成为实验表现最好的模型。同时,通过数据比较也可以发现,AEGCN 仍然有着一定的提升空间,与 VAE-GCN 相比,表现相近但在部分指标上未能超越,分析后发现 VAE-GCN 采用了图卷积网络和编解码器的结构,采用图自编码器(Graph Auto Encoder, GAE)及其变种结构在提取谣言传播结构特征时具有一定的优势,这也给本章后续的优化和改进提供了方向。

表 7.4、表 7.5 和图 7.10(b)、(c)分别显示了 AEGCN 及其他基准模型在 Twitter15 和 Twitter16 数据集上的实验结果,其中本章提出的 AEGCN 分别以 88.5% 和 87.0% 的准确率(Accuracy)成为表现较好的模型。在 Twitter15 数据集上,与 GRU,RvNN 和 PPC 相比,准确率分别提升了 36.9%、22.4% 和 5.1%,并在 TR,UR 类型数据上取得了最高的 $F1$ 值;在 Twitter16 数据集上,与 GRU,RvNN 和 PPC 相比,准确率分别提升了 37.4%、18% 和 0.81%,并在 NR,FR 类型数据上的 $F1$ 值达到了最高。由此能够看出,本章提出的 AEGCN 在 Twitter15 和 Twitter16 数据集上也有着良好的表现。然而,同在 Weibo 数据集上的表现相似,AEGCN 未能完全超

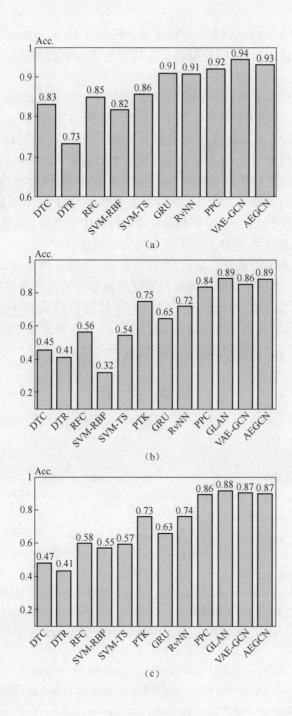

图 7.10 实验结果

越表现最好的 GLAN,因此仍有一定的改进空间。GLAN 将传播结构图中的全局关系和局部关系联合起来,共同挖掘谣言在传播结构方面的特征,具有一定的参考价值。

从实验数据可以看出,以 SVM-TS 为代表的基于传统机器学习的检测模型在实验中的表现都不佳,大幅落后于基于深度学习的谣言检测模型,这表现出了深度学习方法的优势。在基于深度学习的谣言检测模型中,GRU 的综合表现较差,原因在于该模型仅仅使用了 GRU 循环神经网络来提取谣言的文本语义特征,忽视了谣言和真实信息在传播结构方面的差异,单一的谣言特征导致实验结果相对较差,而其他的谣言检测模型如 PPC,VAE-GCN 及本章提出的 AEGCN 都考虑到谣言的传播结构特征,采用文本语义特征和传播结构特征相结合的方式去构建检测模型,实现了较好的检测效果,这也证明了提取谣言在传播结构上的特征对实现高质量的谣言检测具有重要的意义。最后,本章提出的 AEGCN 效果优于绝大多数的基准模型,与 RvNN 和 PPC 等基于循环神经网络模型的对比结果证明了 AEGCN 采用注意力机制来捕捉谣言文本语义特征的方法是合理有效的,与 VAE-GCN,GLAN 等复杂而优秀模型的对比结果也证明了 AEGCN 将注意力机制、图卷积网络和边学习模块相结合,能够实现优秀的谣言检测效果。

参 考 文 献

[1] Vosoughi S,Roy D,Aral S.The spread of true and false news online[J].Science,2018,359 (6380):1146-1151.

[2] Liu X Y,Zhao Z,Zhang Y,et al.Social network rumor detection method combining dual-attention mechanism with graph convolutional network[J].IEEE Transactions on Computational Social Systems,2022,10(5):2350-2361.

[3] Huang Q,Zhou C,Wu J,et al.Deep spatial-temporal structure learning for rumor detection on Twitter[J].Neural Computing and Applications,2023,35(18):12995-13005.

[4] Chen X,Zhou F,Trajcevski G,et al.Multi-view learning with distinguishable feature fusion for rumor detection[J].Knowledge-Based Systems,2022,240(15):108085-108102.

[5] Zhou H,Ma T,Rong H,et al.MDMN:multi-task and domain adaptation based multi-modal network for early rumor detection[J].Expert Systems with Applications,2022,195(1):116517-116528.

[6] Yang Z,Pang Y,Li X,et al.Topicaudiolization:a model for rumor detection inspired by lie detection technology[J].Information Processing & Management,2024,61(1):103563-103575.

[7] Asghar M Z,Habib A,Habib A,et al.Exploring deep neural networks for rumor detection[J].Journal of Ambient Intelligence and Humanized Computing,2021,12(1):4315-4333.

[8] Tu K,Chen C,Hou C,et al.Rumor2vec:a rumor detection framework with joint text and propaga-

tion structure representation learning[J]. Information sciences,2021,560:137-151.

[9] Chen X,Jian Y,Ke L,et al. A deep semantic-aware approach for Cantonese rumor detection in so-
cial networks with graph convolutional network[J]. Expert Systems with Applications,2024,245
(1):123007-123021.

[10] Yan Y,Wang Y,Zheng P. Rumor detection on social networks focusing on endogenous psycholog-
ical motivation[J]. Neurocomputing,2023,552(1):126548-126561.

第8章 融合双重注意力机制和图卷积的 谣言传播检测行为分析

8.1 引 言

第9章讲述了基于边学习的特征融合谣言检测模型 AEGCN,强化了模型的特征提取能力,提高了模型的谣言检测效果,但仍然存在着一定的提升空间,如何进一步提高模型提取特征的能力,同时提升特征的质量,仍是本书关注的重点。本章将在第9章的基础上,继续关注谣言的关键特征,重点利用社交网络平台用户评论中的关键线索,改进模型结构,并着手降低传播结构特征中的干扰信息,进一步提升传播结构特征的质量,实现更好的检测效果。

多数的谣言检测方法通过文本语义和传播结构两个方面来提取谣言的特征从而实现谣言的自动分类,而大多数方法并没有意识到传播结构中虚假和无关的交互关系会在一定程度上降低谣言检测的精度。此外,先前的谣言检测方法未能有效地从社交网络中的用户评论信息中提取关键线索而导致检测效果不佳。事实上,很多社交网络用户会在谣言的相关微博下进行评论,质疑其真实性。图 8.1 为推特在传播过程中所产生的关系结构的简化模型。

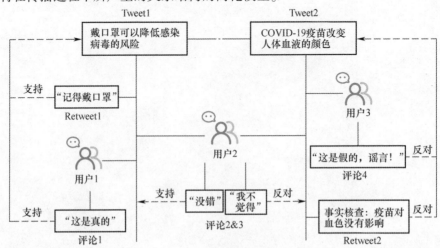

图 8.1 推特传播过程

图 8.1 中,Tweet1 与 Tweet2 为社交网络中的源推文,User 为相应推特下进行评论或转发的人,Retweet3 和 Retweet 4 分别为以 Tweet1 与 Tweet2 为源头的转发推特,Comment 则为用户针对推文发布的观点或评论。从该传播结构可以看出,原本互不相关的 Tweet1 与 Tweet2 可能会因为同一用户 User2 的转发或评论而产生关联,且用户针对推文发布的评论或观点能在一定程度上反映该推文的真实性。因此,社交网络中的推特传播关系错综复杂,充分挖掘推特或微博在传播过程中所产生的关系结构和用户观点,对实现谣言检测具有重要意义。

然而在传播结构中存在着一些不准确或无关的交互关系,这些非正常关系会在一定程度上降低谣言检测的精度。例如谣言传播者通过购买粉丝或者在发布谣言的同时传播一些真实的消息,这些行为的存在会导致传播图中产生部分虚假或无关的交互关系。图 8.2 展示了传播结构中此类虚假或无关的关系。

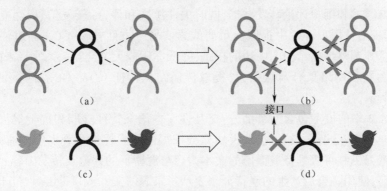

图 8.2　虚假交互关系

图 8.2(a)、(c)分别为谣言传播者购买粉丝和发布无关推文后的传播结构,其中包含了虚假和无关的交互关系,这些交互关系会在一定程度上对传播结构产生干扰。图 8.2(b)、(d)为排除或降低干扰后的传播结构,因此,从中提取的传播结构特征会有更高的质量,然而先前的谣言检测工作并没有注意到这些干扰的存在。此外,在正常的评论反映推文真实性的同时,从实际情况来看,谣言传播者在购买虚假的粉丝后还会导致"刷好评"现象的发生,即其微博评论会趋于同质化,评论的重复率高而质量进一步下降。因此先前的谣言检测工作不仅没有采取有效的手段来降低虚假和无关的交互关系带来的干扰,也未能有效地利用用户评论中的线索。因此本文首次提出融合双重注意力机制和图卷积网络的谣言检测方法(Dual-Attention Graph Convolutional Network,DA-GCN),在图卷积网络中加入边学习模块,同时利用注意力机制来计算并降低虚假和无关的交互关系在传播结构中的权重,最后用图卷积网络来提取减少干扰后的高质量传播结构特征。此外,采用注意力机制将用户评论和对应的源推文相结合,充分挖掘用户评论和观点中的线索,并从中提取交互性的文本语义特征。实验表明,抗干扰的传播结构特征与交互性的

文本语义特征相融合有利于实现更好的谣言检测效果。

8.2 融合双重注意力机制和图卷积的谣言检测模型

本章所提出的模型是在第 3 章所提出的 AEGCN 基础之上进行了较大的改进,故部分准备工作与第 3 章类似,如传播结构图的构建,注意力机制的计算过程等,详细内容见第 3 章,此处不再展开赘述。

8.2.1 模型框架

针对上述分析的社交网络现实情况,本章提出的 DA-GCN 以挖掘用户观点中的线索和降低无关交互关系的干扰为出发点。一方面,DA-GCN 通过注意力机制融合微博原文和用户评论转发数据,同时关注源文和评论-转发信息,建立二者之间的相关性,从用户评论中提取出重要线索。另一方面,DA-GCN 通过注意力机制来计算并调整传播结构图中边的权重,降低虚假或无关交互关系所带来的干扰,再通过图卷积网络聚合节点信息,提取传播结构特征。DA-GCN 的模型结构如图 8.3 所示。

图 8.3 中的模型包含两个部分:交互性文本语义特征提取和抗干扰传播结构特征提取。交互性语义特征提取模块充分挖掘了用户评论和观点中的有效信息,利用注意力机制将源推特或微博的文本内容与源博下的评论及转发内容 r_i 进行计算并融合,使用融合后产生的新特征来表示每条源博文 s_i 或事件 C_i。抗干扰传播结构特征提取是使用传播图的结构来表示微博数据,将源微博、转发微博、评论和用户作为传播图中的节点,根据评论-转发关系构建节点之间的边,不同的源微博通过相同的参与用户连接起来,利用图卷积网络来提取传播图中的结构信息。由于原始传播结构中存在部分虚假和无关的交互关系,导致传播图中包含一些不准确的边,会对提取到的特征产生干扰,因此,本章在 GCN 的基础上结合了注意力机制来计算并降低这些边结构的权重信息,从而减少干扰,提升检测精度。

8.2.2 交互性文本语义特征提取

为了充分利用用户评论中的线索,本章在进行文本语义信息处理时,需要先将相关事件的微博(推特)进行归类。某个事件 C_i 包含若干条相关的微博 s_i,每条微博 s_i 下又包含若干评论或转发信息 r_i。先将源微博 s_i 和相关的评论或转发信息 r_i 通过注意力机制进行计算,并由此计算出评论信息和源微博之间相关性。再利用该相关性,通过注意力机制将微博 s_i 和相关的评论或转发信息 r_i 进行融合,生成包含源微博和用户评论的综合语义信息,并从中提取文本语义特征。由于包含用户的交互观点,本章将该特征称作交互性文本语义特征,使用多头自注意力机制

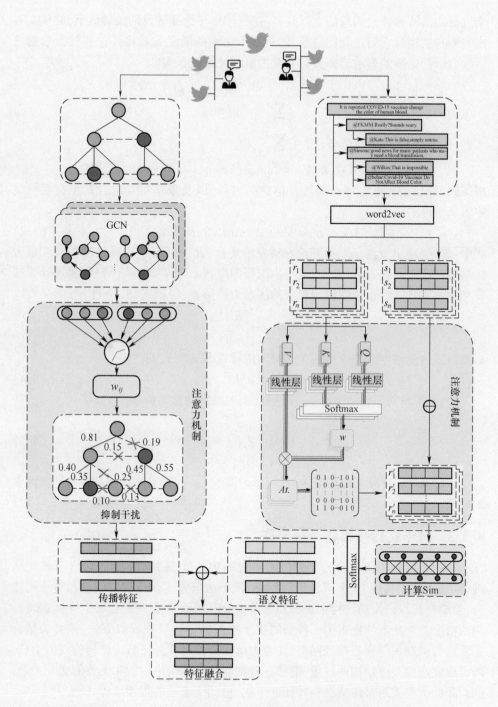

图 8.3 DA-GCN 模型结构

来进行源微博和评论信息的交互计算,挖掘用户评论和转发的关键线索,并从文本内容的角度构建它们之间的联系,然后基于文本的语义关系将评论和转发数据进行融合以产生新的表示。多头自注意力机制计算过程为

$$
\begin{cases}
w = \mathrm{Softmax}(\mathrm{Sim}_i) = \dfrac{\exp(\mathrm{Sim}_i)}{\sum_{j=1}^{Lx} \exp(\mathrm{Sim}_j)}, \mathrm{Sim} = \dfrac{\boldsymbol{QK}^{\mathrm{T}}}{\sqrt{d}} \\[3mm]
\mathrm{Attention}(\boldsymbol{Q},\boldsymbol{K},\boldsymbol{V}) = \sum_{i=1}^{L_x} w_i \cdot \boldsymbol{V} \\[3mm]
\mathrm{MultiHead}(\boldsymbol{Q},\boldsymbol{K},\boldsymbol{V}) = \mathrm{Concat}(\mathrm{head}_1,\mathrm{head}_2,\cdots,\mathrm{head}_h)\boldsymbol{W}
\end{cases}
\tag{8.1}
$$

根据式(8.1)得出融合评论和转发信息的过程,以及最终将其融合产生交互性文本语义特征的过程:

$$
R' = \mathrm{MultiHead}(R,R,R)
\tag{8.2}
$$

式中:$R = \{r_1,r_2,r_3\cdots r_n\}$ 为评论和转发的集合;$R' \in \mathbb{R}^{n\times d}$ 为经过多头自注意力机制融合产生的新表示。然后进一步挖掘源微博 s 与 R' 的隐含特征,通过计算转发与源微博之间的相关性得到相应的注意力数值 a,根据式(8.1)有

$$
a = \mathrm{Softmax}\left(\frac{R's^{\mathrm{T}}}{\sqrt{d}}\right) \cdot s^{\mathrm{T}}
\tag{8.3}
$$

根据该数值能够生成与原博相关性最高的评论和转发 r,即

$$
r = a^{\mathrm{T}}R'
\tag{8.4}
$$

最后,本章将 r 与源微博 s 进行融合来生成新的源微博表示 s',即

$$
\alpha = \frac{1}{1 + \exp(\boldsymbol{w}_1 s + \boldsymbol{w}_2 r + b)}
\tag{8.5}
$$

$$
s' = s \odot \alpha + s \odot (1-\alpha)
$$

式中:$\boldsymbol{w}_1$、$\boldsymbol{w}_2 \in \mathbb{R}^{d\times v_1}$;$b \in \mathbb{R}$ 是可学习参数。s' 即为最终得到的交互性微博文本表示。

8.2.3 抗干扰传播结构特征提取

在第 3 章的 AEGCN 中,对传播图中边结构的处理主要是通过边学习模块来进行增强,然后利用 GCN 聚合节点信息,该方法增强了模型提取信息和特征的能力,但没有意识到传播结构中虚假和无关的交互关系会在一定程度上降低谣言检测的精度。为此本章提出了一种新的抗干扰传播结构特征提取方法,该方法结合了注意力机制和图卷积神经网络,注意力机制能够计算并更新边结构的权重信息,降低虚假或无关边结构的权重,能够有效抑制传播结构中虚假和无关的交互关系,从而降低这些关系对传播结构特征的干扰,得到更准确的传播结构特征。

在传播图的处理上,DA-GCN 依然以图卷积神经网络为主,根据图卷积神经网络聚合节点信息的过程和式(8.3),能够得到传播结构图 G 的隐含特征矩阵:

$$\begin{cases} \boldsymbol{H}_1 = \sigma(\hat{\boldsymbol{A}}\boldsymbol{X}\boldsymbol{W}_0) \\ \boldsymbol{H}_k = \sigma(\hat{\boldsymbol{A}}_k\boldsymbol{H}_{k-1}\boldsymbol{W}_{k-1}) \end{cases} \tag{8.6}$$

式中：$\boldsymbol{H}_1 \in \mathbb{R}^{n \times v_1}$ 为 GCN 中第一层的特征矩阵；$\boldsymbol{W}_0 \in \mathbb{R}^{d \times v_1}$ 为参数矩阵。

为了降低原始传播结构中虚假和无关的交互关系带来的影响，得到抗干扰能力更强的传播结构特征，本章在 GCN 的基础上应用多头注意力机制来进一步降低干扰性边结构的权值，更新节点的分布式特征，图中某个节点的特征向量为 $\boldsymbol{h}_i$，其邻居节点的特征向量为 $\boldsymbol{h}_j$，根据多头注意力机制则有

$$\alpha_{ij} = \frac{\exp(\mathrm{LeakyRelu}(\boldsymbol{a}^{\mathrm{T}}[\boldsymbol{w}\boldsymbol{h}_i \| \boldsymbol{w}\boldsymbol{h}_j]))}{\sum_{k \in N_i} \exp(\mathrm{LeakyRelu}(\boldsymbol{a}^{\mathrm{T}}[\boldsymbol{w}\boldsymbol{h}_i \| \boldsymbol{w}\boldsymbol{h}_k]))} \tag{8.7}$$

式中：$\boldsymbol{a}$ 为可学习参数；$\boldsymbol{w}$ 为线性变换矩阵；$\|$ 表示拼接操作。最后将多个注意力头生成的向量进行拼接，即

$$\boldsymbol{h}_i' = \mathrm{Concat}(\sigma(\sum_{j \in N_i} \alpha_{ij}^k \boldsymbol{w}^k \boldsymbol{h}_j)) \tag{8.8}$$

计算抗干扰传播结构特征的算法如算法 8.1 所示。

算法 8.1：传播结构算法的特点
输入：传播图 $G = \langle V, E \rangle$；消息传播函数 $M(\cdot)$；更新函数 $U(\cdot)$；邻接矩阵 $\boldsymbol{A}$；特征矩阵 $\boldsymbol{X}$；权向量 $\boldsymbol{w}$
输出：微博表示 $\boldsymbol{h}_i$
1 **for** $i, j \in V$ **do**
2      $\boldsymbol{H}_0 = \boldsymbol{A}$
3      $\boldsymbol{H}_k = M(\boldsymbol{A}, \boldsymbol{H}_{k-1}, \boldsymbol{W}_{k-1})$
4   通过式(4.6)计算 $\boldsymbol{H}_k$
5   **for** $E_{i-j} \in E$ **do**
6         $\boldsymbol{h}_i^0 = \boldsymbol{X}_i$
7         $\boldsymbol{h}_i^0 = \boldsymbol{X}_j$
8         $\boldsymbol{h}_i = U(\boldsymbol{h}_i^0, \sum M(\boldsymbol{h}_i^0, \boldsymbol{h}_j^0, \boldsymbol{X}_{ij}))$
9   通过式(4.7)计算 α_{ij}
10   通过式(4.8)计算 $\boldsymbol{h}_i$
11   **end**
12 **end**

在 GCN 和注意力机制的共同作用下，每个节点都包含了图中的全局结构信息，同时对于每个节点，在最大程度上减少了虚假和无关的边结构对其造成的干扰。通过抗干扰传播特征提取模块，模型最终得到了更高质量的微博(推特)传播特征。

8.3　实验结果与分析

本章实验所用数据集及基准模型与第 3 章实验相同,故此处不再展开赘述。

8.3.1　实验设置

本章基于 PyTorch 1.8 框架构建提出的模型并进行实验,对于不同的数据集,实验所采用的超参数初始化值略有不同。实验中部分超参数初始化值设置如表 8.1 所示。

表 8.1　超参数设置

参数	Weibo 的值	Twitter 的值
Optimizer	Adam	Adam
Batch size	64	16
Learning rate	0.002	0.002
Regression	0.00001	0
Epochs	30	30
Dropout rate	0.5	0.5

8.3.2　结果与分析

下述实验结果为本章提出的 DA-GCN 在 Weibo、Twitter15 和 Twitter16,3 个数据集上的实验数据以及相关基准模型的实验数据。为方便比较,本次实验使用准确率(Accuracy)、精确率(Precision)、召回率(Recall)和 $F1$ 值($F1$-score)作为模型的评价指标,指标数据的取值为 0~1,数值越高代表模型的表现越好。表 8.2~表 8.4 分别展示了 DA-GCN 和各基准模型在 3 个数据集上的实验结果。其中,将 Weibo 数据集中的数据按照真实性标签分为两大类,分别为 True Rumor(TR)或 False Rumor(FR),而 Twitter15 和 Twitter16 数据集中的数据按照真实性标签分为 4 类,分别是 True Rumor(TR)、False Rumor(FR)、Unverified Rumor(UR)和 None Rumor(NR)。

表 8.2　Weibo 数据集实验结果

模型	Acc.	FR			TR		
		Prec.	Rec.	$F1$	Prec.	Rec.	$F1$
DTC	0.831	0.847	0.815	0.831	0.815	0.824	0.819
DTR	0.732	0.738	0.715	0.726	0.726	0.749	0.737

模型	Acc.	FR			TR		
		Prec.	Rec.	$F1$	Prec.	Rec.	$F1$
RFC	0.849	0.786	0.959	0.864	0.947	0.739	0.830
SVM-RBF	0.818	0.822	0.812	0.817	0.815	0.824	0.819
SVM-TS	0.857	0.839	0.885	0.861	0.878	0.830	0.857
GRU	0.910	0.876	0.956	0.914	0.952	0.864	0.906
RvNN	0.908	0.912	0.897	0.905	0.904	0.918	0.911
PPC	0.921	0.896	0.962	0.923	0.949	0.889	0.918
VAE-GCN	0.944	0.968	0.921	0.940	0.917	0.964	0.936
AEGCN	0.931	0.929	0.922	0.925	0.920	0.964	0.941
DA-GCN	**0.944**	0.941	0.946	**0.944**	0.947	0.941	**0.944**

表 8.3　Twitter15 数据集实验结果

模型	Acc.	$F1$			
		NR	FR	TR	UR
DTC	0.454	0.733	0.355	0.317	0.415
DTR	0.409	0.501	0.311	0.364	0.473
RFC	0.565	0.810	0.422	0.401	0.543
SVM-RBF	0.318	0.455	0.037	0.218	0.225
SVM-TS	0.544	0.796	0.472	0.404	0.483
PTK	0.750	0.804	0.698	0.765	0.733
GRU	0.646	0.792	0.574	0.608	0.592
RvNN	0.723	0.682	0.758	0.821	0.654
PPC	0.842	0.811	0.875	0.818	0.790
GLAN	0.890	0.936	0.908	0.897	0.817
VAE-GCN	0.856	0.749	0.795	0.905	0.809
DA-GCN	**0.905**	**0.959**	0.895	**0.914**	**0.852**

表 8.4　Twitter16 数据集实验结果

模型	Acc.	$F1$			
		NR	FR	TR	UR
DTC	0.465	0.643	0.393	0.419	0.403
DTR	0.414	0.394	0.273	0.630	0.344
RFC	0.585	0.752	0.415	0.547	0.563

模型	Acc.	F1			
		NR	FR	TR	UR
SVM-RBF	0.553	0.670	0.085	0.117	0.361
SVM-TS	0.574	0.755	0.420	0.571	0.526
PTK	0.732	0.740	0.709	0.836	0.686
GRU	0.633	0.772	0.489	0.686	0.593
RvNN	0.737	0.662	0.743	0.835	0.708
PPC	0.863	0.843	0.868	0.820	0.837
GLAN	0.880	0.847	0.869	0.937	0.865
VAE-GCN	0.868	0.795	0.809	0.947	0.885
DA-GCN	**0.902**	**0.894**	**0.872**	0.928	**0.913**

表 8.2 显示了 DA-GCN 及其他基准模型在 Weibo 数据集上的实验结果,其中本文提出的模型以 94.4% 的准确率(Accuracy)成为表现最好的模型,与 AEGCN 相比准确率提升了 1.39%,并且 F1 值(F1-score)达到了 94.4%,与最佳基准相比提升了 0.8%,与 AEGCN 相比 F1 值提升了 2.05%。因此,DA-GCN 在一定程度上优于其他模型。实验结果表明 DA-GCN 是合理有效的,能够提取更高质量的谣言特征,从而提升了谣言检测效果。

表 8.3 和表 8.4 显示了上述模型在 Twitter15 和 Twitter16 数据集上的实验结果,其中本章提出的 DA-GCN 分别以 90.5% 和 90.2% 的准确率(Accuracy)成为表现最好的模型,与之前表现最佳的 GLAN 相比分别提升了 1.6% 和 2.5%,此外在 F1 值(F1-score)上的表现也超过其他基准模型,最高达到 94.7%,相比于最佳基准提高了 1.0%。DA-GCN 在 Twitter15 和 Twitter16 数据集上不仅取得了最高的准确率(Accuracy)和 F1 值(F1-score),在精确率(Precision)和召回率(Recall)两个指标上的表现也十分优秀。图 8.4 展示了 DA-GCN 在 Twitter15 和 Twitter16 中不同类别数据上的实验结果。

从图 8.4 可以看出,DA-GCN 在 Twitter15 和 Twitter16 两个数据集的四个评价指标上均取得了 80% 以上的成绩。其中 DA-GCN 在 Twitter15 数据集中 NR 和 TR 上的精确率(Precision)分别达到了 95.3% 和 94.9%,在 NR 和 FR 上的召回率(Recall)分别达到了 96.4% 和 91.7%;对于 Twitter16 数据集,DA-GCN 在 NR 和 TR 上的精确率(Precision)分别达到了 97.4% 和 90.0%,在 UR 和 TR 上的召回率(Recall)分别达到了 93.3% 和 95.7%。

通过表 8.2~表 8.4 和图 8.4 可以看出,本章提出的 DA-GCN 在不同的数据集上都有着杰出的表现,这意味着图卷积网络结合双重注意力机制能够有效地减少传播结构中虚假和无关交互关系带来的干扰,同时能够挖掘谣言在传播过程中用户的评论和观点信息,从而有效提升谣言检测的效果。从实验数据能够看出,在众多基准模型中,依赖于手工提取特征的传统机器学习方法如 RFC、SVM-RBF 等表现较差,而基于深度学习的方法利用神经网络捕获数据中的隐含特征,能够有效提升谣言检测的效果,因此,深度学习是实现高质量谣言检测的关键手段。此外 DA-GCN 在实验结果上优于 GRU、RvNN 和 PPC,表明谣言的文本语义特征和传播结构特征对谣言检测而言都具有重要影响,综合考虑二者才能取得更好的检测效果。最后以图结构为基础的 GLAN、VAE-GCN 及 DA-GCN 的表现优于 RvNN 等模型也证明了图结构相对于树形结构能够更有效地处理传播结构信息。而本章提出的 DA-GCN 将注意力机制与图卷积相结合,不仅能够很好地从图 8.4 中提取信息,更能从图结构中发现并抑制干扰信息,从而高效地获取抗干扰特征,实现更好的检测效果。

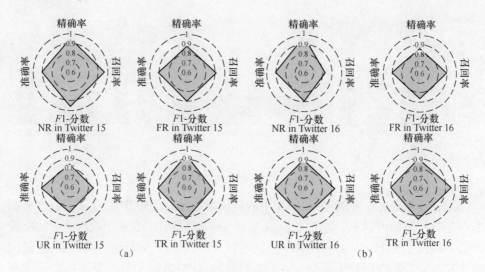

图 8.4　不同类别数据上的实验结果

8.3.3　消融实验结果与分析

为分析 DA-GCN 中每个模块的有效性,本节在 DA-GCN 的基础上进行修改,设计了一部分新的模型来进行消融实验。进行消融实验的模型分别有

(1) SA-GCN:去除传播结构信息模块中的注意力机制,仅仅使用 GCN 来提取图中的传播结构特征,保留单个注意力机制来提取微博文本语义特征。

(2) SAN:去除传播结构信息模块,仅仅使用注意力机制融合原博、评论和转发,并从中提取文本语义特征来进行谣言检测。

(3) GCN:去除了双重注意力机制,仅仅使用 GCN 来提取传播图中的传播结构信息用于谣言检测。

分别在 Weibo、Twitter15 和 Twitter16,3 个数据集上进行实验,衡量上述 3 个模型的准确率(Accuracy),并与 DA-GCN 进行比较,实验结果如表 8.5 所示,图 8.5 显示了 4 个模型的对比结果。

表 8.5　消融实验结果

模型	Weibo	Twitter15	Twitter16
	Acc.	Acc.	Acc.
SA-GCN	0.915	0.855	0.875
SAN	0.889	0.840	0.869
GCN	0.871	0.825	0.860
DA-GCN	**0.944**	**0.905**	**0.902**

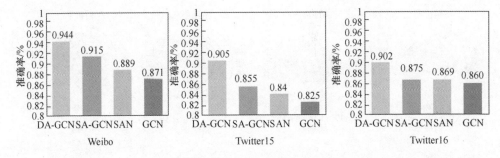

图 8.5　消融实验结果

表 8.5 和图 8.5 表明,DA-GCN 中的模块和方法都是必要的,在一定程度上提升了谣言检测的准确率。首先 DA-GCN 与 SA-GCN 相比,在 3 个数据集上的准确率分别提高了 3.1%、5.8% 和 3.0%,这表明在提取谣言传播结构特征方面,通过注意力机制来抑制虚假和无关交互关系是有效的,注意力机制与图卷积的结合能够有效减少传播过程中虚假和无关交互关系带来的干扰,从而学习到抗干扰的传播结构特征;其次去除了传播结构特征的 SAN 相比于 DA-GCN 在 3 个数据集上的准确率分别降低了 6.1%、7.7% 和 3.7%,这表明只关注谣言的文本语义信息而忽略其传播结构特征会对谣言检测的准确率带来较大的影响;而去除了双重注意力机制的 GCN 在 4 个模型中表现最差,相比于 DA-GCN 在 3 个数据集上的准确率分别降低了 8.3%、9.6% 和 4.8%,GCN 的实验结果也进一步证明了 DA-GCN 中双重注意力机制的重要性。DA-GCN 中的双重注意力机制分别是交互性文本语义特征提取模块中的注意力机制和抗干扰的传播结构特征提取中的注意力机制,前者的缺失直接导致模型无法获得谣言的文本语义特征,后者的缺失导致模型在提取传播结构特征时无法排除无关和虚假交互关系的干扰,这是 GCN 的检测精度最差的重要原因之一;同时由于 GCN 只关注谣言的传播结构特征,这也表明了文本语

142

义特征是谣言最重要的特征之一。最后 DA-GCN 与 SA-GCN 的表现总体上优于 SAN 和 GCN，说明文本语义特征和传播结构特征对于谣言检测都具有重要意义，只有二者结合才能实现更好的检测效果。

8.3.4　早期检测能力实验结果与分析

在谣言传播过程中，随着传播时间的增加，谣言的传播范围逐渐增大，对社会造成的负面影响也越来越大，因此，在谣言传播初期对其进行检测和抑制至关重要，对谣言的早期检测能力也成为衡量谣言检测效果的一个重要指标。实现谣言的早期检测，就是要在某条微博发布后一段较短的时间内，判断出该微博是否为谣言。为了衡量 DA-GCN 对谣言的早期检测能力，本章设定一系列检测截止时间（Deadlines），利用从发布时间到检测截至时间内的数据进行实验，根据模型在截止时间所取得的准确率（Accuracy）来衡量 DA-GCN 的早期检测能力，并与部分基准模型进行比较。由于在源微博或推文发布后的绝对 0 时刻进行检测的难度较大，且此时的微博或推特数量太少，会影响检测的精度，故本章将源微博或推特发布后的 0.5h 作为第一个检测时间点，实验结果如图 8.6 所示。

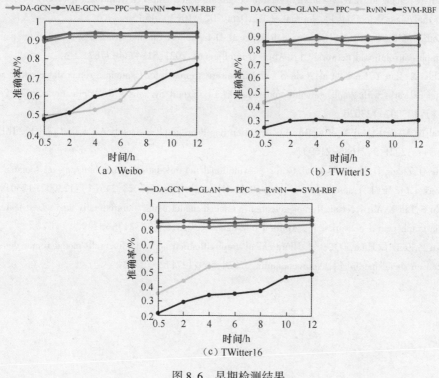

图 8.6　早期检测结果

从图 8.6 显示的实验结果能够看出,DA-GCN 在微博发布后的两个小时内就能够达到 90% 左右的准确率,表现优于其他基准模型,而此时谣言的传播结构信息较少,说明本章提出的交互性文本语义特征提取方法能够利用用户评论和观点中的线索,从而提取到更高质量的文本语义特征。从传播开始到截止时间内,DA-GCN、VAE-GAN、GLAN 及 PPC 的准确率波动较小,均能够在初始阶段达到较高的准确率,而 RvNN 和 SVM-RBF 则在初始阶段的准确率较低,经过一段时间后,准确率逐渐提高并在截止时间达到最高,本章提出的模型在整体表现和最终的准确率上也优于 VAE-GAN、GLAN 及 PPC。这表明本章提出的 DA-GCN 不仅能够实现更高的准确率,而且能够在更短的时间内实现谣言的早期检测。

参 考 文 献

[1] Liu X, Zhao Z, Zhang Y, et al. Social network rumor detection method combining dual-attention mechanism with graph convolutional network[J]. IEEE Transactions on Computational Social Systems, 2022, 10(5): 2350 – 2361.

[2] Cui W, Shang M. KAGN: knowledge-powered attention and graph convolutional networks for social media rumor detection[J]. Journal of big Data, 2023, 10(1): 45-56.

[3] Lotfi S, Mirzarezaee M, Hosseinzadeh M, et al. Detection of rumor conversations in Twitter using graph convolutional networks[J]. Applied intelligence, 2021, 51: 4774-4787.

[4] Chen X, Jian Y, Ke L, et al. A deep semantic-aware approach for Cantonese rumor detection in social networks with graph convolutional network[J]. Expert Systems with Applications, 2024, 245(1): 123007-123020.

[5] Bai N, Meng F, Rui X, et al. Rumour detection based on graph convolutional neural net[J]. IEEE Access, 2021, 9: 21686-21693.

[6] He Q, Zhang D, Wang X, et al. Graph convolutional network-based rumor blocking on social networks[J]. IEEE Transactions on Computational Social Systems, 2022, 245(1): 123007-123019.

[7] Xu S, Liu X, Ma K, et al. Rumor detection on social media using hierarchically aggregated feature via graph neural networks[J]. Applied Intelligence, 2023, 53(3): 3136-3149.

[8] Xu F, Zeng L, Huang Q, et al. Hierarchical graph attention networks for multi-modal rumor detection on social media[J]. Neurocomputing, 2024, 569: 127112-127124.

第9章 异质图自注意力社交推荐行为分析

本章首先对推荐系统的相关概念、传统推荐算法和推荐系统评价指标做了简单介绍,其次对社交推荐算法进行了概述,最后对本章用到的技术(图神经网络、自注意力机制)的相关知识进行了阐述。

9.1 推荐系统简介

9.1.1 推荐系统概述

在互联网爆发的时代,信息过载已经成为人们使用网络时不可避免的问题,而推荐系统则提供了一种可以有效解决这个问题的方法。通过对用户的数据进行分析和挖掘,推荐系统能够快速便捷的为用户筛选出最为感兴趣的东西,特别是当用户身处于一个陌生的领域时,同时也为用户提供一些建议,帮助用户进行抉择,成为用户的私人助理,非常精确地将合适的信息推荐给用户,从而提高用户的体验和便利性。

今天,随着大数据技术和机器学习技术的迅速发展,推荐系统广泛应用于电商、社交网络、视频直播平台等多种互联网应用场景,已经成为很多大型公司的核心应用之一,例如淘宝,通过对用户的搜索历史、浏览行为、收藏等数据进行分析,实现高度个性化的商品推荐服务,并为用户带来优质的购物体验;抖音通过分析用户的播放历史、点赞、评论等数据,以及视频的标签、关键词等属性,为用户推荐感兴趣的视频内容,如图9.1 推荐系统示意图。

推荐系统是解决大规模用户场景下的大量信息精准分发问题,然而推荐系统的构建却不是一件易事,可能会遇到的很多困难和挑战,常见的两个问题是数据稀疏问题导致推荐精度不高和冷启动问题。

9.1.2 传统推荐算法概述

本节所述传统的推荐算法是不包括社交关系数据的推荐算法,主要包括:基于邻域的推荐算法、基于内容的推荐算法以及混合推荐算法。

(1) 基于邻域的推荐。

本节首先来介绍基于邻域的推荐算法分为基于用户的协同过滤算法和基于物

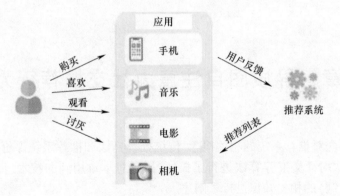

图 9.1 推荐系统示意图

品的协同过滤算法。

基于用户的协同过滤算法(UserCF)的原理是利用与目标用户相似的其他用户对某个商品的所有评分的加权平均值来预测该目标用户对该商品的未知评分。简单来说,它基于与目标用户具有相似偏好的其他用户的历史行为来推荐商品。基于用户的推荐过程如图 9.2 所示。

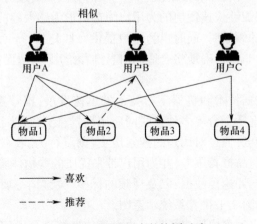

图 9.2 基于用户的协同过滤

基于物品的协同过滤算法是基于用户对相似物品的平均评分来预测用户对某个物品的评分。它主要挖掘和分析不同推荐物品之间的隐藏关系,而不是用户之间的关系。该算法的关键在于计算物品之间的相似性,从而推荐与用户已喜欢物品相似的物品,其推荐过程示意图如图 9.3 所示。推荐的过程基于物品的相似性和用户之前的偏好,可以帮助新用户发现喜欢的物品,并提高整个推荐系统性能。

(2)基于内容的推荐。

基于内容的推荐算法是一种常用的推荐算法,也是最早应用于工程实践的推

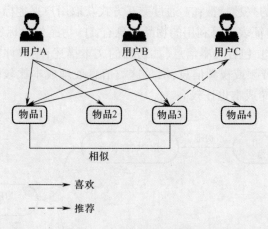

图 9.3　基于物品的协同过滤

荐算法。它利用物品属性的相似性,将已经喜欢的物品的特征作为输入,根据物品的相似度个性化推荐与该物品相似度高的其他物品,如图 9.4 所示。

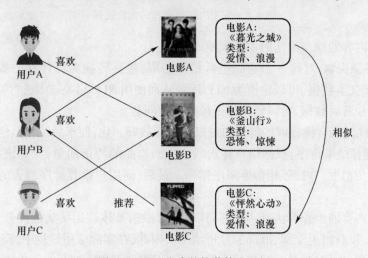

图 9.4　基于内容的推荐算法思想

　　基于内容的推荐算法是根据物品相关信息、用户信息和用户对物品的操作行为等多种因素来建立推荐算法模型,以便为用户提供个性化的推荐服务。在这种算法中,推荐系统将物品按照其相关特征进行分类,然后将用户的历史偏好与物品的特征进行匹配,以找到与之匹配的物品并进行推荐。基于内容推荐算法的大致流程如图 9.5 所示,其中构建用户的特征表示可以利用的用户信息和操作行为有:
① 用户行为记录作为显示特征(如点赞、收藏、评论等);② 物品自身的标签和用户的打分综合评判;③ 用户的人口统计学特征(如年龄、性别、偏好、地理位置、收

入等);④ 向量式的兴趣特征;⑤ 通过交互方式获取用户兴趣标签。

构建物品的特征表述可利用的物品信息有:① 物品包含标签信息;② 物品具备结构化的信息;③ 包含文本信息(如物品的文本描述,用户评论等)的物品的特征表示;④ 图片、音频或视频信息,但是这类信息处理成本比较高,不仅算法难度大,处理时间和存储成本也比较高。

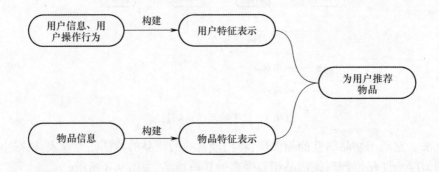

图 9.5 基于内容的推荐的大致流程

基于内容的推荐算法的主要步骤如下。

① 特征提取:对每一个物品进行特征提取,将其转换为可计算的数值向量。例如,对于文本数据,可以建模为 NLP 问题从而使用 NLP 相关技术进行特征提取,对于图像和音频数据,可以转化为图像处理的问题。

② 特征表示:将提取的特征向量以矩阵形式归一化,便于后续相似性计算。

③ 推荐结果排序:根据用户喜欢列表中的物品的特征向量,计算该物品与其他物品的相似度,并按照相似度降序排列。最后,向用户推荐排序列表的 TopK 个物品。

基于内容的推荐算法有一定的局限性,需根据具体应用场景选择合适的特征提取方法,以获得更全面、准确的分析结果。因此,在实际应用过程中,需要综合考虑多个因素,如用户偏好、社交关系等,以实现更好的推荐效果。

(3) 混合推荐。

不同推荐方法都有优点和缺点,因此在某些实际应用中可以相互补充。混合推荐算法的思路是将两种或多种算法联合运用,缓解单一算法存在的问题,从而提高推荐效果。内容推荐技术利用用户历史记录来做出物品推荐,但处理大量信息时,会遇到信息时效性下降的问题,因为这需要消耗大量时间。相比之下,协同过滤技术容易出现对新物品产生冷启动问题。混合推荐技术是一种将多种推荐技术优缺点互相补充的推荐策略。这种技术会将不同的算法集成到推荐系统中,从而实现混合推荐。混合推荐大体分为融合前、融合后和融合中三种。

148

① 融合前:这种混合推荐技术通过将多个推荐算法集成到一个模型中。如 Zhang 等人创建了一种结合了层次聚类算法和集成相似度算法的混合推荐模型,旨在综合考虑推荐准确性和推荐多样性。该混合推荐模型可以通过调整权重因子来平衡准确性和多样性,而不会对推荐效果造成很大的影响。

② 融合中:指该混合推荐技术首先选取某一种推荐算法作为主框架,然后将不同的推荐算法与该框架进行比较,以评估混合推荐技术的推荐效果。如 Huang 等人提出了一种基于深度学习算法的混合推荐模型,即深度混合因子分解学习(Deep Metric Factorization Learning, DMFL)模型。该模型将深度学习与改进的机器学习模型相结合,在多个方面学习用户和物品之间的交互,从而增强了模型的泛化能力,全面反映了用户的偏好。Hu 等人提出了一种混合推荐算法,该算法将潜在因子模型(Latent Factor Model,LFM)和基于图的个人排名(Personal Rank,PR)算法相结合。与仅使用 PR 算法相比,这种混合模型可以提高推荐模型的准确性和正确性。

③ 融合后:指具体的推荐过程可以简单忽略,但对推荐结果十分看重。混合推荐技术的优势之一在于,它可以将不同的推荐算法相结合,以获得更好的推荐效果。虽然具体的推荐过程可能会被简化,但推荐结果的可靠性非常重要。目前,像 Amazon、Google 和 Microsoft 等公司已经成功地在个性化推荐领域采用了混合推荐技术。近年来为了满足用户的隐私需求,需要开发新的推荐算法和技术,以确保在保护用户隐私的前提下实现准确和有效的推荐。Jiang W 等人提出了一项用于保护用户好友隐私的算法,该算法基于用户行为,并能在混合社交网络中实现集中管理和分布管理相结合的方式。通过此算法,用户可以在共享兴趣偏好信息的同时又能保护个人隐私信息不被暴露。

(4)传统推荐算法优缺点对比。

传统的推荐技术包括基于邻域的推荐、基于内容的推荐和混合推荐,这 3 种推荐方式都应用在了不同的领域。最早用在电子商务领域应用,通过挖掘用户的行为记录发现用户潜在的偏好。表 9.1 对这 3 种不同的传统推荐技术的优缺点进行了总结和对比。

表 9.1　传统的推荐算法优缺点对比

推荐技术	优　点	缺　点
基于邻域 的推荐	1. 适合小规模推荐	1. 存在冷启动问题
	2. 简单易操作	2. 无法处理运算复杂的推荐
	3. 易建模	3. 缺乏可解释性
基于内容 的推荐	1. 不需要巨大的用户群体或者评分记录,只有一个用户也可以产生推荐列表	1. 存在推荐结果新颖性问题,相似度太高,惊喜度不够

推荐技术	优　　点	缺　　点
基于内容的推荐	2. 可以为具有特殊兴趣爱好的用户推荐罕见特性的物品	2. 很难联合考虑多个物品的特性
	3. 可以使用用户内容特征提供推荐解释,信服度较高	3. 仅考虑了单个用户对物品的偏好,而未考虑多个用户之间的交互和影响
	4. 没有流行度偏见,能推荐新的或者不是很流行的物品,没有冷启动问题	
混合推荐	1. 克服了数据稀疏	1. 缺少高效的混合模式
	2. 弥补不同技术缺点	2. 难以建立数学模型
	3. 适合用户多的推荐	3. 推荐过程较复杂

9.1.3　评价指标

在推荐系统领域,我们采用不同的评价指标对推荐系统的性能进行详尽的分析来评价推荐算法的优势和劣势。推荐系统的评价指标有两种类型,其中一种是针对推荐准确度的评价指标,其包含了评分准确度和推荐准确度,即评分预测和TopN 推荐,本小节重点对 TopN 推荐采用的评价指标展开介绍。

在 TopN 推荐问题中,广泛采用准确率(Precision)和召回率(Recall),归一化折损累积增益(NDCG)3 种方法对推荐算法性能进行评估,最后在推荐候选列表中会选择前 N 个物品推荐给用户。指定用户数据集 U 中的一个用户 u,$T(u)$ 代表的是数据集中用户感兴趣的物品列表,$R(u)$ 代表的是训练好模型预测出的推荐列表。$R(u) \cap T(u)$ 表示模型预测出的推荐列表和原始推荐列表中重复出现的物品。

① Precision 衡量的是在所有样本中,模型预测正确的百分比,它的计算公式为

$$\text{precision} = \frac{\sum_{u \in U} |R(u) \cap T(u)|}{\sum_{u \in U} |R(u)|} \tag{9.1}$$

② Recall 衡量的是 Top-K 列表中用户实际喜欢的测试数据的百分比,简单理解即用户有多少感兴趣的内容被模型预测正确,它的计算公式为

$$\text{recall} = \frac{\sum_{u \in U} |R(u) \cap T(u)|}{\sum_{u \in U} |T(u)|} \tag{9.2}$$

③ NDCG@K 是一个位置感知的排名指标,用于衡量命中物品的位置,它们排

名越靠前,给出的分数越高,也就代表着推荐的效果越好。NDCG 首先计算推荐列表 R_u 中每个物品的排位完全符合用户 u 的真实交互顺序时的 DCG 值,计算方式如式(9.3)所示

$$DCG@K = \sum_{j=1}^{K} \frac{2^{rel_j} - 1}{\log_2(j + 1)} \tag{9.3}$$

其次考虑理想情况下的折损累计增益 IDCG,即 R_u 中所有物品的排位完全符合用户 u 的真实交互顺序时的 DCG 值,计算方式为

$$IDCG@K = \sum_{j=1}^{K} \frac{1}{\log_2(j + 1)} \tag{9.4}$$

NDCG@K 计算公式为

$$NDCG@K = \frac{DCG@K}{IDCG@K} \tag{9.5}$$

9.2　异质信息网络

9.2.1　定义

异构信息网络(Heterogeneous Information Network,HIN)也称为异质网络,异质图,它是指由不同类型的节点和关系连接构成的复杂网络,即网络中包含多种不同类型的节点和边。这些节点可以表示不同的实体、对象,而边可以表示这些实体之间不同类型关系的连接。在异质网络中,每个节点可以属于不同的节点类型,例如,社交网络中的用户节点和物品节点,或者生物信息学中的基因节点和蛋白质节点。节点之间的关系之间也可以是不同类型的,例如,社交网络中的好友关系和物品评分关系。异质网络结构更符合现实生活中复杂关系的表现。图 9.6 是电影场景中的异质信息网络,其中节点包括演员、电影、导演,边包括演员参演电影关系边和导演执导电影关系边。

异质网络的应用非常广泛,包括社交网络分析、生物信息学、推荐系统等领域。它可以用来揭示不同类型实体之间的关系模式,从而提高数据分析和应用效果。目前异质图已成为社交推荐系统的重要辅助数据形式。

9.2.2　网络模式

由于 HIN 中存在实体之间的关系,因此,每个实体之间都必须遵守特定约束条件,这些约束条件使得网络实例可以转化为网络模式。

网络模式的数学定义:网络模式可以记为 $T_G = (A, R)$,是带有对象类型映射 $\varphi : V \rightarrow A$ 和关系类型映射 $\psi : \varepsilon \rightarrow R$ 的信息网络 $G = (V, E, \varphi, \psi)$ 的元模式。具体来

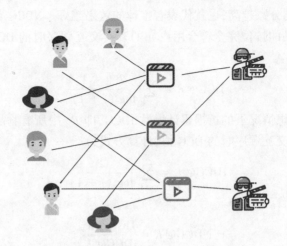

图 9.6　电影场景中的异质信息网络

说,网络模式是定义在对象类型集合 A 上的有向图,并以 R 上的关系为边。

9.2.3　元路径

当实体数量增多时,连接实体的路径不再唯一,这些路径虽然以相同的起始和终止实体为开始和结束,但它们所表达的信息含义在信息网络中是不同的。因此,在 HIN 中,这些不同的路径称为元路径。

元路径是在 $G = (A, R)$ 的网络模式下 A_1 到 A_N 的路径,即 $A_1 \xrightarrow{R} A_2 \xrightarrow{R} A_3 \xrightarrow{R} \cdots \xrightarrow{R} A_N$,从 A_1 到 A_N 的路径体现了两者之间的复杂关系,记这种复杂关系为 $R = R_1 \circ R_2 \circ R_3 \circ \cdots \circ R_l$ 。关系的长度就是路径的长度,路径 A_1 到 A_N 还可以更简洁的表示为 $P = (A_1 A_2 A_3 \cdots A_N)$ 。

图 9.7 是根据图 9.6 抽取出的三条元路径,这三条路径分别代表:两个演员共同出演了同一个电影(AMA);两个演员分别参演了同一个导演(Director)拍摄的

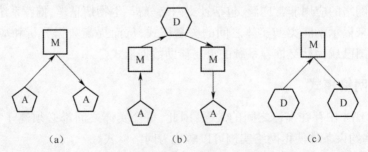

图 9.7　电影拍摄网络中的元路径

Movie(M):电影;Actor(A):演员;Director(D):导演。

152

两部电影作品（AMDMA）；两个导演共同执导了一部电影（DMD）。元路径的改变赋予了元路径丰富的语义信息，比如根据 AMA 这条元路径可以找到出演同一部电影的演员的相似性，而根据 AMDMA 这条元路径可以找到参演同一导演执导的不同电影的演员的相似性，因此，元路径不同得到偏好的特征也不相同，得到的结果也不相同。

9.3 图神经网络

9.3.1 图神经网络概述

随着机器学习和深度学习的发展，语音、计算机视觉和自然与语言处理领域的问题得到了很好的解决。传统神经网络在处理语音、图像、文本时表现力很强，因为这些形式的数据都是很简单的序列或者网格数据，即是很结构化的数据，也就是欧式数据，欧式数据的特点是具有平移不变性。然而现实世界中并不是所有的事物都可以表示成一个序列或者一个网格，例如社交网络、知识图谱、复杂的文件系统、生物网络、推荐系统中的用户–物品交互图等，这些属于非欧式数据，对于这类数据的建模，传统神经网络的表现力不强。欧式数据结构和非欧式数据结构示意图如图 9.8 所示。

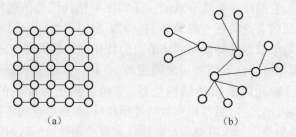

(a)　　　　　　　　　　(b)

图 9.8　两种数据结构

2016 年，Kipf 等人首次提出了图卷积神经网络概念，使得图神经网络可以处理图数据这类非欧式数据，图神经网络是一种能够感知和处理连接节点的关系的神经网络，它通过将图数据表示为节点和边的连接方式，节点表示图中的实体，如人物、物品等；边则表示节点间的关系，如友谊、购买等。图神经网络通过建模图数据中隐含的关系和模式，对节点和边的表示进行学习，可以学习到隐式的节点和边的表示，从而不断对图中局部邻域信息进行迭代从而学习到全局的模式，实现对图数据的有效分析和理解。

图神经网络的模型图如 9.9 所示。

图神经网络在推荐领域的研究主要集中在相邻节点信息的消息传递与聚合

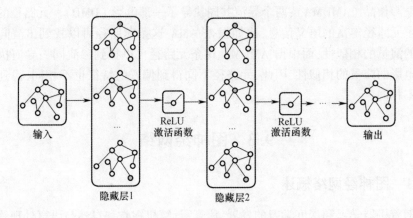

输入   ReLU
激活函数   ReLU
激活函数   输出

隐藏层1   隐藏层2

图 9.9   图神经网络模型图

上,计算过程为

$$a_i^{(k)} = \text{Aggregate}^{(k)}(\{e_j^{(k-1)}, j \in N(i)\}) \tag{9.6}$$

$$e_i^{(k)} = \text{Combine}^{(k)}(e_i^{(k-1)}, a_i^{(k)}) \tag{9.7}$$

式中: $e_i^{(k)}$ 为迭代 k 层的节点 i 的嵌入向量; $N(i)$ 为节点 i 的所有邻居节点的集合; $a_i^{(k)}$ 为节点 i 的所有邻居节点聚合后的嵌入向量。

图卷积神经网络(Graph Convolutional Network, GCN)是卷积神经网络在图数据上的自然推广,它的原理是将节点的特征和图的拓扑结构信息用卷积操作进行结合,从而得到新的节点特征。具体而言,GCN 采用了类似卷积神经网络中的卷积操作,通过将每个节点的特征与邻居节点的特征进行卷积操作,得到新的节点特征。这个卷积操作可以在不同的层之间进行,在每一次的卷积操作中,GCN 同时考虑邻居节点的特征以及拓扑结构信息,从而得到更为准确的特征表示。如图 9.10 所示,输入图,经过图卷积和激活等操作后,得到节点的特征表示。

图卷积网络的核心是学习对节点的特征提取的函数,计算过程为

$$H^{(l+1)} = f(H^{(l)}, A) \tag{9.8}$$

式中: l 为迭代的层数; $H^{(l)}$ 为节点在第 l 层的特征向量; A 为邻接矩阵; $f(\cdot)$ 为卷积操作,那么有

$$f(H^{(l)}, A) = \sigma(AH^{(l)}W^{(l)}) \tag{9.9}$$

式中: $\sigma(\cdot)$ 为激活函数; W 为权重矩阵,是可学习参数。特征矩阵 H 和邻接矩阵 A 以及权重矩阵 W 相乘体现卷积操作。

卷积运算是中心节点和邻居节点的加权平均,引入自身度矩阵,中心节点不光考虑周围邻居的特征也考虑自身特征,因此邻接矩阵增加自身度矩阵之后的邻接矩阵计算为

$$\tilde{A} = A + I \tag{9.10}$$

154

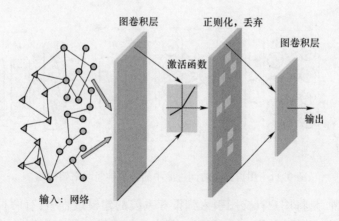

图卷积层   正则化，丢弃

激活函数   图卷积层

输出

输入：网络

图 9.10   图卷积神经网络

式中：I 为单位矩阵，即对角线为 1，其他为 0 的矩阵；$\tilde{A}$ 为邻接矩阵 A 添加了自连接之后的图邻接矩阵。

    GCN 通过叠加多个卷积和变换，将局部节点信息扩散到整个图中。GCN 在更新用户向量时使用在先前迭代生成的用户特征嵌入向量融合上他的好友们的特征嵌入，来获得新的用户嵌入向量，这样迭代多次后获得最终的用户特征表示。GCN 的每一层迭代传播计算过程为

$$H^{(l+1)} = \sigma\left(\tilde{D}^{-\frac{1}{2}}\tilde{A}\tilde{D}^{-\frac{1}{2}}H^{(l)}W^{(l)}\right) \tag{9.11}$$

$$\tilde{D}_{ii} = \sum_{j}\tilde{A}_{ij} \tag{9.12}$$

式中：$\tilde{D}$ 为矩阵 $\tilde{A}$ 对应的度矩阵；$\tilde{D}^{-\frac{1}{2}}\tilde{A}\tilde{D}^{-\frac{1}{2}}$ 为对图邻接矩阵进行归一化处理，防止在提取特征时偏向度大的节点从而导致网络训练时梯度爆炸或者消失。

    GNN 有很多变体，如根据训练方法的差异有 GraphSAGE、FastGCN 等；根据信息传播计算方式的不同，可以分为 Spectral Network、MoNet、DCNN 和 GAT 等。其中最为常见的图神经网络有图卷积神经网络、图注意力网络和 GraphSAGE 等，它们使用消息传递机制完成图卷积过程，将各邻居节点信息聚合起来传递到目标节点，再通过消息更新将目标节点的信息和邻居节点传递来的信息进行融合，最终更新生成新的目标节点表示。这些模型在处理图数据的任务中具有很高的表现力和实用性。

9.3.2   推荐系统中图神经网络的应用

    近期有很多工作将图神经网络应用到推荐系统中，一般可分为两种，一种是从用户–物品交互的二部图出发，使用图神经网络提取节点的特征，生成最终的用户和物品表示，从而生成推荐预测分数，用于后面的推荐任务，整个过程如图 9.11 所示。典型代表方法 LightGCN。

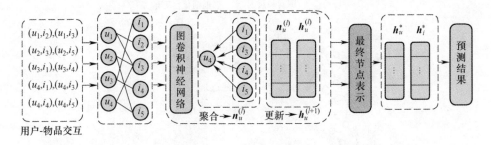

图 9.11　用户物品协同过滤中的卷积神经网络架构图

还有一种,是将用户社交图引入到推荐系统的建模过程中,有两种建模方式,独立建模和同一建模,如图 9.12 所示。其中独立建模的代表模型是 GraphRec,同一建模的代表模型 DiffNet++和 GraphRec。

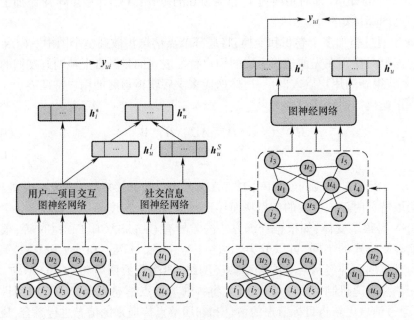

图 9.12　社交增强推荐的两种策略示意图

本小节将对这 3 种图神经网络推荐方法展开介绍。

（1）LightGCN。

LightGCN 是一种构建于 GCN 网络上的轻量级模型,专门适用于推荐系统。该模型摒弃了传统 GCN 的特征变换和非线性激活,经过验证发现这两种处理对协同过滤并无实质性影响,从而简化了模型设计。LightGCN 以邻居聚合为基础构建了最基本的 GCN 结构。它是一种协同过滤专用模型,通过在用户-物品交互矩阵上进行线性传播,学习用户和物品的嵌入向量。最后,将所有层学习到的嵌入按权重累加得到最终嵌入。这种模型既简单又线性,非常容易实施和训练。LightGCN的模型结构如图 9.13 所示。

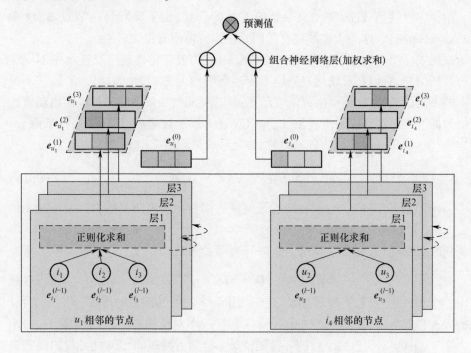

图 9.13　LightGCN 模型图

图卷积的核心体现在聚合函数上,即考虑第 k 层对目标节点及其邻居节点的表示。GCN 通过在图上平滑特征进行节点表示学习。为了实现这一点,它迭代地执行图卷积,即聚集邻居的特征作为目标节点的新表示。这样的邻域聚合可以抽象为

$$e_u^{(k+1)} = \mathrm{AGG}(e_u^{(k)}, \{e_i^{(k)} : i \in N_u\}) \tag{9.13}$$

式中:AGG(·)为聚合函数;$e_u^{(k)}$ 为迭代第 k 次用户 u 的表示;$i \in N_u$ 为物品 i 属于与用户 u 产生过交互行为的集合中的元素。

LightGCN 沿用了这一操作,并且对其进行了改进。在 LightGCN 中,采用简单加权和聚合操作,放弃了特征变换和非线性激活的使用。LightGCN 中将图卷积运算(也称传播规则)定义为

$$
\begin{aligned}
e_u^{(k+1)} &= \sum_{i \in N_u} \frac{1}{\sqrt{|N_u|}\sqrt{|N_i|}} e_i^{(k)} \\
e_i^{(k+1)} &= \sum_{i \in N_i} \frac{1}{\sqrt{|N_i|}\sqrt{|N_u|}} e_u^{(k)}
\end{aligned}
\tag{9.14}
$$

式中：$\dfrac{1}{\sqrt{|N_u|}\sqrt{|N_i|}}$ 为对称归一化项，可以避免随着图的卷积运算而增加嵌入的规模。

值得注意的是，LightGCN 只聚合已连接的邻居，而不集成目标节点本身（即 Self-Connection）。这与大多数现有的图卷积运算模型有很大区别。

根据式（9.14）生成的不同层次的特征向量代表着建模用户交互图中不同深度的邻居信息，它们在反映用户兴趣上应当有不同的影响力，因此，为了捕获不同层次的不同语义信息，使得生成的表示更加丰富，同时缓解图卷积神经网络随着迭代层数的增加出现过度平滑现象，LightGCN 在 k 层迭代之后，进行了层特征融合，即进一步将在每一层获得的嵌入向量，融合形成最终用户（物品）的表示为

$$e_u = \sum_{k=0}^{K} \alpha_k e_u^{(k)} \; ; e_i = \sum_{k=0}^{K} \alpha_k e_i^{(k)} \tag{9.15}$$

式中：α_k 为第 k 层嵌入向量，在构成最终嵌入向量中具有重要性，在 LightGCN 中将 α_k 设置 $1/(k+1)$ 达到了很好的效果。

同时，LightGCN 提供了算法的矩阵等价形式，即

$$E^{(k+1)} = (D^{-\frac{1}{2}} A D^{-\frac{1}{2}}) E^{(k)} \tag{9.16}$$

式中：$E^{(0)} \in \mathbb{R}^{(M+N) \times T}$ 为第 0 层的嵌入矩阵，T 为嵌入向量的维度；$E^{(k)}$ 为第 k 层的嵌入特征矩阵；D 为一个 $(M+N) \times (M+N)$ 对角线矩阵，每个元素 D_{ii} 表示第 i 行向量中非零元素的个数的邻接矩阵 A（也称为度矩阵）。最后，我们得到最终用于模型预测的嵌入矩阵，即

$$\begin{aligned} E &= \alpha_0 E^{(0)} + \alpha_1 E^{(1)} + \alpha_2 E^{(2)} + \cdots + \alpha_K E^{(k)} \\ &= \alpha_0 E^{(0)} + \alpha_1 \tilde{A} E^{(0)} + \alpha_2 \tilde{A} E^{(0)} + \cdots + \alpha_K \tilde{A} E^{(0)} \end{aligned} \tag{9.17}$$

式中：$\tilde{A} = D^{-\frac{1}{2}} A D^{-\frac{1}{2}}$ 为对称归一化矩阵。

LightGCN 使用用户和物品最终表示形式的内积作为推荐生成的排名分数进行预测，然后基于 BPR 损失函数对模型进行训练。

（2）DiffNet++。

DiffNet++提供了一个统一的框架来建模神经和兴趣的扩散过程。其重新定义了输入，将社交推荐环境视为一个以社交网络和兴趣网络为共同输入的异构图，从而更好地对这两个过程进行了建模。

如图 9.14 所示，DiffNet++通过同时注入反映在用户-物品图中的高阶用户潜在兴趣和反映在用户-用户图中的高阶用户影响力来进行用户嵌入学习。DiffNet++模型的整体架构如图 9.15 所示，在融合兴趣图表示和社会图表示时，用 Node ATT 表示每个图中的节点级注意层，用 Graph ATT 表示图注意层。

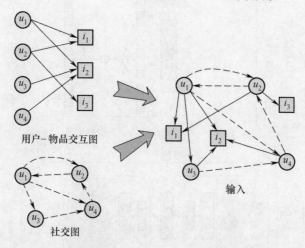

用户-物品交互图

社交图

输入

图 9.14 社交推荐异质图

对于每个用户 a ,融合层使用它的 $\boldsymbol{p}_a$ 和它的相关特征向量 $\boldsymbol{x}_a$ 作为输入,输出用户的融合嵌入向量 $\boldsymbol{u}_a^0$ 来捕获来自不同类型的输入数据的用户的初始值兴趣。这个融合的过程为

$$\boldsymbol{u}_a^0 = g(\boldsymbol{W}_1 \times [\boldsymbol{p}_a, \boldsymbol{x}_a]) \tag{9.18}$$

式中: $\boldsymbol{p}_a$ 为用户 a 的嵌入向量; $\boldsymbol{x}_a$ 为用户 a 的属性向量; $\boldsymbol{W}_1$ 为变换矩阵; $g(\cdot)$ 为变换函数。

同理,对于每个物品 i ,可以根据物品嵌入得到物品的融合嵌入向量,即

$$\boldsymbol{v}_i^0 = g(\boldsymbol{W}_2 \times [q_i, y_i]) \tag{9.19}$$

对于物品 i ,在交互图 G_I 上的兴趣传播迭代更新(邻居聚合)计算过程为

$$\boldsymbol{v}_i^{k+1} = \mathrm{AGG}_u(\boldsymbol{u}_a^k, \forall a \in R_i) = \sum_{a \in R_i} \eta_{ia}^{k+1} \boldsymbol{u}_a^k \tag{9.20}$$

式中: R_i 为物品 i 的用户邻居集合; $\boldsymbol{u}_a^k$ 为第 k 层的用户 a 的嵌入向量; $\boldsymbol{v}_i^{k+1}$ 是在用户物品交互图 G_I 上聚合来的物品 i 的用户邻居嵌入向量; η_{ia}^{k+1} 为聚合权重。从第 k 层得到的聚合后的嵌入向量 $\tilde{\boldsymbol{v}}_i^{k+1}$ 后,融合第 k 层物品本身的嵌入向量 $\boldsymbol{v}_i^k$ 得到更新后的第 $k+1$ 层的物品嵌入向量,即

$$\boldsymbol{v}_i^{k+1} = \tilde{\boldsymbol{v}}_i^{k+1} + \boldsymbol{v}_i^k \tag{9.21}$$

η_{ia}^{k+1} 使用注意力网络来进行学习,如式(9.22),然后进行归一化,即

$$\eta_{ia}^{k+1} = \mathrm{MLP}_1([\boldsymbol{v}_i^k, \boldsymbol{u}_a^k]) \tag{9.22}$$

$$\eta_{ia}^{k+1} = \frac{\exp(\eta_{ia}^{k+1})}{\sum_{b \in R_i} \exp(\eta_{ib}^{k+1})} \tag{9.23}$$

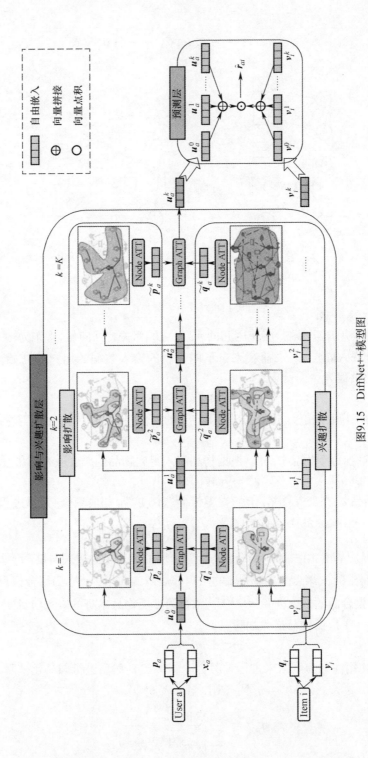

图9.15　DiffNet++模型图

对于用户 a ,由于用户同时在社交图 G_S 和交互图 G_I 是重要的节点,除了它自身的嵌入向量 u_a^k 之外,它更新后的第 $k+1$ 层的嵌入向量 u_a^{k+1} 应当来自于 G_S 和 G_I 两个图。令 $\tilde{p}_a^{k+1}$ 表示来自 G_S 的聚合后的向量, $\tilde{q}_a^{k+1}$ 表示来自 G_I 的聚合后的向量,迭代的计算过程为

$$\tilde{p}_a^{k+1} = \sum_{b \in S_a} \alpha_{ab}^{k+1} u_b^k \tag{9.24}$$

$$\tilde{q}_a^{k+1} = \sum_{i \in R_a} \beta_{ai}^{k+1} v_i^k \tag{9.25}$$

$$u_a^{k+1} = u_a^k + (\gamma_{a1}^{k+1} \tilde{p}_a^{k+1} + \gamma_{a2}^{k+1} \tilde{q}_a^{k+1}) \tag{9.26}$$

式中: S_a 为用户 a 在社交图上的邻居节点集合; R_a 为用户 a 在交互图上的邻居节点的集合。

社交影响因子权重计算过程为

$$\alpha_{ab}^{k+1} = \mathrm{MLP}_2([u_a^k, u_b^k]) \tag{9.27}$$

兴趣影响因子权重计算过程为

$$\beta_{ai}^{k+1} = \mathrm{MLP}_3([u_a^k, v_i^k]) \tag{9.28}$$

衡量两个图的权重因子 $\gamma_{al}^{k+1} (l = 1, 2)$ 的计算过程为

$$\gamma_{a1}^{k+1} = \mathrm{MLP}_4([u_a^k, \tilde{p}_a^k]) \tag{9.29}$$

$$\gamma_{a2}^{k+1} = \mathrm{MLP}_4([u_a^k, \tilde{q}_a^k]) \tag{9.30}$$

经过上述迭代过程,最终将各层的用户嵌入向量和物品嵌入向量分别进行拼接,然后做内积预测得分,即

$$\hat{r}_{ai} = [u_i^0 \mid\mid u_i^1 \mid\mid \cdots \mid\mid u_i^K]^{\mathrm{T}} [v_i^0 \mid\mid v_i^1 \mid\mid \cdots \mid\mid v_i^K] \tag{9.31}$$

最终使用成对排序损失进行反向传播训练模型。

(3) GraphRec。

GraphRec 模型是一种将异构图神经网络应用于社交推荐场景的模型。图 9.16 是它的模型结构,对用户交互图和社交图分开建模,属于独立建模的一种模型。具体来说,GraphRec 其中分为了 3 个部分:用户建模部分、物品建模部分和评分预测部分。在用户建模部分,该模型的主要目的是对用户偏好进行建模,以便进行评分预测。用户建模部分分为物品交互空间聚合和社交空间聚合两个小部分。在这个部分中,GraphRec 没有将两个异质图合并成总的异质图,而是单独在用户物品交互图和社交关系图上进行物品交互空间聚合和社交空间聚合。最终,将两者的输出表示连接在一起,得到最终的用户偏好表示。相对于用户建模部分,物品建模部分要简单得多。该部分只需要在用户交互空间进行聚合就可以得到最终的物品吸引力表示。同时该部分也没有使用异质图。通过 GraphRec 模型的 3 个部分,该模型可以准确捕获用户和物品之间的关系,并提高推荐系统的准确性。

以用户在物品交互空间上的表示建模为例,用户节点 u 的在第 $l+1$ 层的节点

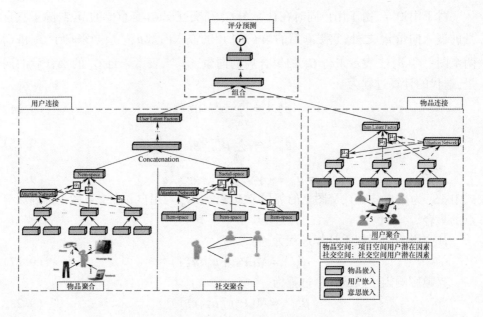

图 9.16　GraphRec 的模型

表示为

$$\boldsymbol{x}_i^{U,l} = \boldsymbol{W}_1 \cdot \mathrm{CONCAT}(\boldsymbol{h}_i^{U,l}, e_{u,i}) \qquad (9.32)$$

$$\boldsymbol{h}_i^{I,l+1} = \sigma\Big(\boldsymbol{W}_2 \cdot \sum_{i \in N_I(u)} \alpha_i^I \boldsymbol{x}_i^{U,l} + b_1\Big) \qquad (9.33)$$

式中：$\boldsymbol{h}_i^{U,l}$ 为物品节点 i 在第 l 层的用户交互空间上的表示；$e_{u,i}$ 为用户 u 对物品 i 的偏好表示；$N_I(u)$ 为用户 u 在交互图上的邻居节点集合；α_i^I 为物品 i 对用户 u 的注意力权重。具体的，α_i^I 是通过两层神经网络来实现，即

$$\alpha_i^{I*} = \boldsymbol{w}^{\mathrm{T}} \cdot \sigma(\boldsymbol{W}_3 \cdot \mathrm{CONCAT}(\boldsymbol{h}_i^{U,l}, \boldsymbol{x}_i^{U,l}, \boldsymbol{h}_i^{I,l}) + b_2) + b_3 \qquad (9.34)$$

$$\alpha_i^I = \frac{\exp(\alpha_i^{I*})}{\sum_{i \in N_I(u)} \exp(\alpha_i^{I*})} \qquad (9.35)$$

　　GraphRec 所采用的建模方法相对简单，主要是通过 GAT 及其变体来实现异构图上的推荐任务。但是，这个简单而有效的方法已经被证明在推荐任务中非常有用，并且已被应用于许多现实世界的推荐系统中。

9.4　自注意力机制

　　自注意力机制（Self-Attention Mechanism）是 2017 年谷歌团队提出的 Transformer 模型中的组件，在对序列数据进行编码时，能够捕捉到序列元素之间的关系。通过将输入的序列中的每个元素,根据其他元素的表示进行加权,从而得到一个汇聚的表示,这个表示包含了序列中所有元素的信息,而且是基于元素之间的关系计算的。这样,模型就能够获得更全面的信息,并且不会丢失序列中不同元素之间的重要关系。这个机制在自然语言处理领域中已经得到了广泛的应用,尤其是在深度学习中广泛采用,例如在 GPT、BERT、Transformer 等模型中。

自注意力机制的核心思想是使用线性变换来计算一个"query"向量、一个"key"向量和一个"value"向量,这 3 个向量用来计算每个元素的权重分配,以及生成每个元素的加权汇聚表示,基于这些向量计算的权重分配使得模型能够关注元素之间的差异。上述过程如式(9.36)~式(9.38)所示:

$$Q^i = X^T W^{Q_i} \qquad (9.36)$$

$$K^i = X^T W^{K_i} \qquad (9.37)$$

$$V^i = X^T W^{V_i} \qquad (9.38)$$

式(9.36)~式(9.37)中,X 为输入到自注意力机制中进行学习的嵌入矩阵;W^Q、W^K、W^V 为权重矩阵,是可学习的参数;i 为第 i 个自注意力头,Q 为查询矩阵,用来查询;K 为匹配矩阵,用来接收和匹配查询矩阵中的信息,V 为内容矩阵代表输入特征的信息。自注意力网络使用了三个不同的参数矩阵 W^Q、W^K、W^V 来表达和学习,是因为它们代表的含义不同,这种做法可以强化网络的表式能力。

注意力得分的计算式为

$$\text{Attention}(Q, K, V)^i = \text{Softmax}\left(\frac{Q^i K^{i^T}}{\sqrt{d_k}}\right) V^i \qquad (9.39)$$

式中:Softmax($\cdot$)用于将注意力分数归一化为注意力权重;d_k 表示矩阵 X 嵌入向量的维度/注意力头个数 n。

9.5 异质图注意力卷积社交推荐模型架构

本节详细介绍了异质图注意力卷积社交推荐模型(Heterogeneous Graph Self Attention Social Recommendation,HASR),主要有四部分组成,包括初始化嵌入层、节点级全局注意力卷积层、社交语义融合层、推荐预测层,接下来会对模型的每个部分进行详细介绍。图 9.17 是 HASR 的模型整体的架构图,该模型遵循层级注意力结构:节点级注意力→语义级注意力。

模型的数据流是:首先输入两个图,一个是社交图 G_S,一个是交互图 G_R。其次将交互图 G_R 按照元路径 U2I2U 和 I2U2I 分别拆分为 G_U 和 G_I,分别是只包含用户节点和只包含物品节点的子图,然后对 3 个图 G_S、G_U、G_I 分别进行操作,依次经过初始化、节点级全局注意力融合,图卷积操作和社交语义融合操作后进行推荐打分,生成预测结果。

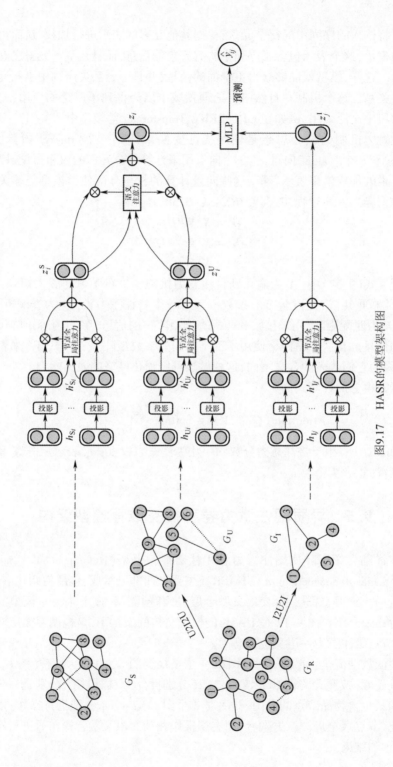

图9.17 HASR的模型架构图

164

9.5.1 初始化嵌入层

本工作使用嵌入向量 $\boldsymbol{h}_{Si} \in \mathbb{R}^d$ 来描述来自图 G_S 的用户 i，使用嵌入向量 $\boldsymbol{h}_{Ui} \in \mathbb{R}^d$ 来描述来自子图 G_U 的用户 i，使用嵌入向量 $\boldsymbol{h}_{Ip} \in \mathbb{R}^d$ 来描述来自子图 G_R 的物品 p，d 表示嵌入的维度，初始化嵌入层随机初始化 3 个子图节点的 embedding，然后经过一次线性变换映射进相同向量空间中，如式(9.40)所示。

$$\boldsymbol{h}'_{\Psi i} = \boldsymbol{M}_{\Psi} \cdot \boldsymbol{h}_{\Psi i} \tag{9.40}$$

式中：Ψ 泛指 S、U、I。

9.5.2 多头节点自注意力层

直觉来看，不同节点对自身节点的影响力应当是不一样的，因此，本工作打算采用注意力机制来融合来自邻居节点的信息。普通注意力机制只能衡量来自一阶邻居传递来的信息的重要程度，也就是说它只具有局部感受野，融合的信息具有局限性，而自注意力机制可以分辨来自全局的节点的重要性，也就是说它具有全局的感受野，因此，我们对自注意力机制进行了改进，改进后的多头节点自注意力模块如图 9.18 所示。

多头节点注意力模块中引入了中心度编码和空间位置编码：

中心度编码(Centrality Encoding, CE)：度中心性(用于衡量节点在图中的重要性)通常是很强的图理解信号，图中不同的节点具有不同的重要程度。度中心性可以量化一个顶点在图中的重要性。当通过元路径将原图拆分成 3 个子图后，节点在原图中的重要性信息就丢失了，所以在该模块中引入了中心度编码，作为这部分丢失信息的补偿。

空间位置编码(Location Embedding, LE)：现有的神经网络仅仅考虑了节点的局部连接，并没有考虑节点的全局位置，以及节点与图中不是其邻居节点的关系，因此我们考虑加入空间位置编码，首先将节点 i 与节点 j 的最小连接路径计算出来，得到 $\phi(i,j)$，如果两个节点没有连接，则令其为 -1，这样整个图的结构将嵌入到一个节点数×节点数的矩阵 $\boldsymbol{B}$ 中，该矩阵可以表示图中节点的空间关系，相对于邻接矩阵，该矩阵可以反映全局的连接关系。

首先节点特征 embedding 和它的中心度编码 embedding 融合。

$$\boldsymbol{h}''_{\Psi i} = \boldsymbol{M}'_{\Psi}(\boldsymbol{h}'_{\Psi i} + \boldsymbol{x}_{\Psi \deg(i)}) \tag{9.41}$$

式中：$\boldsymbol{x}_{\Psi \deg(i)}$ 为根据 i 节点在子图上的度进行度编码后产生的 embedding，是可学习的参数。

令 $\boldsymbol{H}_S = [\boldsymbol{h}_1^{\mathrm{T}}, \cdots, \boldsymbol{h}_n^{\mathrm{T}}]_S \in \mathbb{R}^{n \times d}$，$\boldsymbol{H}_U = [\boldsymbol{h}_1^{\mathrm{T}}, \cdots, \boldsymbol{h}_n^{\mathrm{T}}]_U \in \mathbb{R}^{n \times d}$，$\boldsymbol{H}_I = [\boldsymbol{h}_1^{\mathrm{T}}, \cdots, \boldsymbol{h}_m^{\mathrm{T}}]_I \in \mathbb{R}^{m \times d}$，作为多头节点注意力模块的输入，其中 n 是用户数量，m 是物品数量。接下

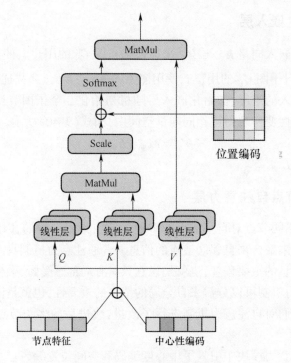

图 9.18 多头节点注意力模块

来将 H_S, H_U, H_I 统称为 H。输入 H 经过 3 个矩阵 $W_Q \in \mathbb{R}^{d \times d_k}$, $W_K \in \mathbb{R}^{d \times d_k}$, W_V $\in \mathbb{R}^{d \times d_k}$ 的映射后,得到 3 个矩阵 Q、K、V,之后进行多头节点注意力的学习,注意力得分为原始注意力得分加矩阵 B 的线性表达,即

$$Q = HW_Q, K = HW_K, V = HW_V \tag{9.42}$$

$$A_{ij} = \frac{Q_i K_j^{\mathrm{T}}}{\sqrt{d'}} + w_b \cdot b_{\phi(i,j)}, \mathrm{Attn}(H) = \mathrm{Softmax}(A)V \tag{9.43}$$

式(9.42)和式(9.43)中:W_Q、W_K、W_V 为可学习参数,且对于不同的 Ψ 都有自己的权重矩阵,即这 3 个权重矩阵并不共享参数,同理,也会学习出 3 个注意力矩阵;$d' = d/c$,c 是 head 的数量;w_b 为可学习参数;$b_{\phi(i,j)}$ 为矩阵 B 的 i 节点和 j 节点对应位置的元素值。

之后,进行节点级的注意力融合,即

$$z_{\Psi i} = \Big[\mathop{\|}_{c=1}^{C} \sigma \Big(\sum_{j \in N_i} \alpha_{ij} \cdot h''_j \Big) \Big]_{\Psi} \tag{9.44}$$

与普通的注意力机制的节点信息融合相比,这里提出的中心度编码的多头节点注意力机制可以使得每个节点都不同程度地聚合了来自全局节点的信息,此时得到了特定语义信息的节点嵌入。

9.5.3 图卷积层

图卷积操作可以得到用户与用户以及用户与物品的高阶关联信号。本小节将上述得到的节点表示进行 L 次迭代，来提取高阶语义信息。

令 $\boldsymbol{Z}_\Psi = [z_1^T, \cdots, z_n^T]_\Psi$，计算图卷积的计算过程为

$$\boldsymbol{Z}^{(l+1)} = GC(\boldsymbol{Z}^{(l)}; \Psi) = \sigma(\tilde{\boldsymbol{D}}^{-\frac{1}{2}}\tilde{\boldsymbol{A}}\tilde{\boldsymbol{D}}^{-\frac{1}{2}}\boldsymbol{Z}^{(l)}\boldsymbol{W}_Z^{(l)}) \tag{9.45}$$

式中：$GC(\boldsymbol{Z}^{(l)}; \Psi)$ 为在 Ψ 上的图卷积操作；$\tilde{\boldsymbol{D}}^{-\frac{1}{2}}$ 为图的度矩阵 $\boldsymbol{D}$ 归一化后的矩阵，$\tilde{\boldsymbol{A}}$ 为图 Ψ 的邻接矩阵加单位矩阵的结果。

9.5.4 社交语义融合层

经过上面的各层操作后，在 3 个子图上各自得到了最终的表示 $z_{\Psi i}$，它们可以视为是特定语义的表示，因此在社交语义融合层，将来自社交图和交互图两部分的用户表示 z_{Si} 和 z_{Ui} 的进行语义级别的融合。HASR 通过语义级注意力可以区分来自不同语义的信息重要性，融合的过程如下。

首先得到注意力得分，即

$$z'_{Si} = \boldsymbol{w}_{S1}^T \cdot \tanh(\boldsymbol{w}_{S2} \cdot z_{Si}) \tag{9.46}$$

式中：$\boldsymbol{w}_{S1}^T$ 和 $\boldsymbol{w}_{S2}$ 是可学习参数。同理可得 z'_{Ui}。

计算注意力权重为

$$\boldsymbol{\beta}_{Si} = \frac{\exp(z'_{Si})}{\exp(z'_{Si}) + \exp(z'_{Ui})} \tag{9.47}$$

同理可得 $\boldsymbol{\beta}_{Ui}$。

对两部分加权融合，得到最终的用户表示 $\tilde{z}_i$，即

$$\tilde{z}_i = \boldsymbol{\beta}_{Si} \cdot z_{Si} + \boldsymbol{\beta}_{Ui} \cdot z_{Ui} \tag{9.48}$$

9.5.5 推荐预测

将得到的用户 i 的表示 $\tilde{z}_i$ 和物品 p 的表示 z_p 输入 3 层的 MLP 中，进行打分预测，即

$$\hat{y}_{ip} = MLP(z_i, z_p) \tag{9.49}$$

9.6 模 型 训 练

为了学习模型参数，本工作采用 BPR 损失计算方式，即

$$L_{\mathrm{BPR}} = -\sum_{i=1}^{n} \sum_{p} \sum_{q} \ln \sigma (\hat{y}_{ip} - \hat{y}_{iq}) + \lambda \ \|\theta\|^2 \qquad (9.50)$$

式中：p 为用户 i 有过交互行为的物品，即 (i,p) 为正样本；q 为用户没有过交互行为的物品，即 (i,q) 为负样本；θ 为模型所有可学习的参数；λ 用来平衡 L_2 正则化的强度来防止模型过拟合。最后，在参数更新过程中，本节采用 Adam 优化器进行模型优化。Adam 优化器是一种广泛使用的优化器，能够在训练过程中自适应的调整学习率，从而进一步提高模型的性能。

9.7 实　　验

9.7.1　数据集和基线模型

（1）数据集。

本节使用了 3 个数据集，下面是对这 3 个数据集的简介。表 9.2 展现了这 3 个数据集的统计信息。

① Ciao，该数据集来源于社交网站 Ciao，该社交网站允许用户对物品进行评分、查看浏览、写作评论，和将朋友添加到他们的"信任圈"中。

② Flickr 是一个在线照片分享网站。用户关注其他用户，并根据他们对朋友、家人和社交媒体关注者的偏好分享有趣的图片。原始数据集提供了大量偏好信息和社交连接信息。

③ DouBan Movie 是中国最大的电影社交平台，该数据集包括用户对电影的评分行为以及用户社交关系。

表 9.2　各数据集的统计信息

数据集	Ciao	Flickr	DouBan Movie
用户数	17317	8358	26511
物品数	104975	82120	39645
评分数	2033193	626854	1196558
社交关系数	129781	75184	589726
评分矩阵密度	0.087%	0.091%	0.114%
社交矩阵密度	0.112%	0.215%	0.168%

（2）基线模型。

本小节使用的 5 个基线模型如下。

① SoRec。基于概率矩阵法的因子分析方法，采用用户社交网络信息和评分记录进行模型推荐。由此，该模型解决了数据稀疏及精度不足等问题。

168

② SocialMF。基于模型的社交网络推荐方法,采用矩阵分解技术。根据与给定用户具有直接或间接社交关系的用户的评分为用户给出推荐,可以减少冷启动用户的问题。

③ GraphSAGE。基于空域的算法,将 GCN 的全图采样优化到部分以节点为中心的邻居抽样,这使得大规模图数据的分布式训练成为可能,并且使得网络可以学习没有见过的节点,这也使得 GraphSAGE 可以做归纳学习。

④ GraphRec。2019 年由提出的用于社交推荐的图神经网络,它内在结合了用户交互图和社交图,并使用注意力机制来区分社会关系的异质性强度。

⑤ DiffNet++。该算法是一种改进版的 DiffNet,能够在一个统一框架内对神经影响扩散和兴趣扩散进行建模。其将社交推荐问题转化为以社交网络和兴趣网络为输入的异构图。通过将在用户交互图中产生的高阶用户潜在兴趣和在用户社交图中产生的高阶用户影响融合到 DiffNet 中,进行用户嵌入的学习。

9.7.2 实验设置

本节采用推荐系统经常使用的 Recall@K 和 NDCG@K 两个评价指标评估模型的性能,其中 K 分别取值 10 和 20 观测各个模型的效果。每个数据集随机分成 60%、20% 和 20% 分别为训练、验证、测试的比例。为了便于比较,本节在以下参数条件下进行了相关实验,如表 9.3 所示。

表 9.3 实验环境配置

实验环境	具 体 配 置
操作系统	Ubuntu18.02
GPU	GTX1080Ti
CPU	2×Intel(R)Xeon(R) Silver 4214 CPU @ 2020GHz2.19GHz
内存	128G
编程语言	Python 3.7
深度学习框架	Tensorflow 1.12.0

9.7.3 实验结果

(1) 对比实验。

本章对比实验依然采用了第 3 章中的基线模型。对于所有模型,我们通过网格搜索进行精细化调参,手动调整学习率和嵌入维度等参数。在此次实验中,我们进行了 5 次实验并取平均值,以得出最终结果。实验结果如表 9.4 所示。

从表 9.4 和表 9.5 的实验结果可以看出,本小节提出的 HASR 模型的推荐效果在这 3 个数据集上的表现都是最佳表现。这是因为 HASR 模型在捕捉用户和物品的高阶协同信号方面有着很强的优势,同时它能够捕捉来自更为全局的信息,并通过注意力机制对信息的重要程度做了区分,因而能比其他模型生成更加精细的用户和物品表示,从而提高推荐的能力。

表 9.4 HASR 与 baselines 的 Top10 对比

模型	Ciao		Flickr		DouBan Movie	
	Recall@10	NDCG@10	Recall@10	NDCG@10	Recall@10	NDCG@10
SoRec	0.1642	0.1321	0.2083	0.1355	0.2269	0.1425
SocialMF	0.1895	0.1393	0.2253	0.1482	0.2613	0.1598
GraphSAGE	0.1962	0.1539	0.2399	0.1667	0.2874	0.1642
GraphRec	0.2172	0.1612	0.2779	0.1724	0.2845	0.1709
DiffNet++	0.2293	0.1695	0.3011	0.1782	0.3142	0.1824
HASR	**0.2297**	**0.1701**	**0.3024**	**0.1791**	**0.3341**	**0.1829**

表 9.5 HASR 与 baselines 的 Top20 对比

模型	Ciao		Flickr		DouBan Movie	
	Recall@20	NDCG@20	Recall@20	NDCG@20	Recall@20	NDCG@20
SoRec	0.1752	0.1309	0.1993	0.1362	0.2164	0.1396
SocialMF	0.1999	0.1354	0.2154	0.1479	0.2317	0.1482
GraphSAGE	0.1982	0.1472	0.2298	0.1717	0.2532	0.1599
GraphRec	0.2095	0.1609	0.2666	0.1694	0.2636	0.1706
DiffNet++	0.2214	0.1697	0.2901	0.1748	0.3240	0.1879
HASR	**0.2271**	**0.1703**	**0.2914**	**0.1795**	**0.3243**	**0.1892**

(2)消融实验。

本实验在原模型 HASR 的基础上一次移除中心度编码 CE,空间位置编码 LE 和两种编码同时移除,对应的模型分别为 HASR,HASR-CE, HASR-LE 和 HASR-LE-CE。消融实验的结果如图 9.19 所示。

可以看到,去掉位置编码,中心度编码,两种编码都去掉,性能是依次下降的,说明了引入这两种编码到模型中,确实起到了增强的作用。其中移除中心度编码比移除位置编码性能下降的更多,说明中心度编码在增强模型中起到更大的作用,此外,两种编码都进行移除的话,性能降低的最多,说明两种编码同时存在给模型带来了更大的效果增益。

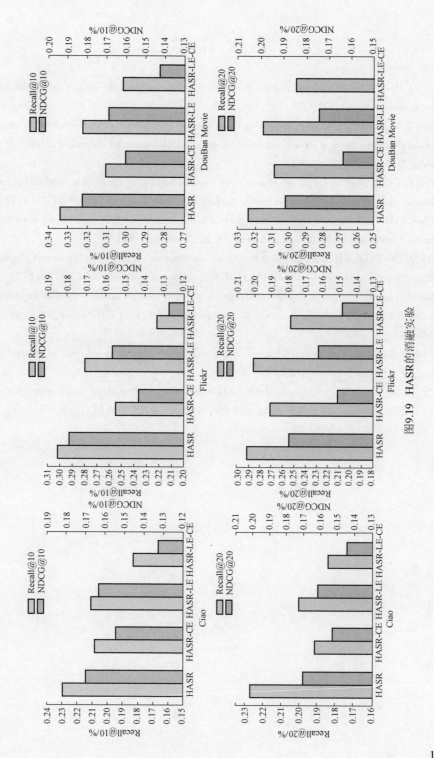

图9.19 HASR的消融实验

参 考 文 献

［1］ Liao J,Zhou W,Luo F,et al.SocialLGN:Light graph convolution network for social recommendation［J］. Information Sciences,2022,589:595-607.

［2］ Zhang X,Ma H,Gao Z,et al. Exploiting cross-session information for knowledge-aware session-based recommendation via graph attention networks［J］. International Journal of Intelligent Systems,2022,37(10):7614-7637.

［3］ Gao J,Ying X,Xu C,et al. Graph-based stock recommendation by time-aware relational attention network［J］. ACM Transactions on Knowledge Discovery from Data (TKDD),2021,16(1):1-21.

［4］ Chen Y,Hu Y,Li K,et al. Approximate personalized propagation for unsupervised embedding in heterogeneous graphs［J］. Information Sciences,2022,600:287-300.

［5］ Yu M,Zhu K,Zhao M,et al. Learning Neighbor User Intention on User-Item Interaction Graphs for Better Sequential Recommendation［J］. ACM Transactions on the Web,2024,18(2):1-28.

［6］ Liu Y,Yang S,Xu Y,et al. Contextualized graph attention network for recommendation with item knowledge graph［J］. IEEE Transactions on Knowledge and Data Engineering, 2021, 35 (1): 181-195.

［7］ Chen Y,Li K,Yeo C K,et al. Traffic forecasting with graph spatial-temporal position recurrent network［J］. Neural Networks,2023,162:340-349.

［8］ Li J,Peng H,Cao Y,et al. Higher-order attribute-enhancing heterogeneous graph neural networks ［J］. IEEE Transactions on Knowledge and Data Engineering,2021,35(1):560-574.

第10章 融合社交关系的图卷积协同过滤推荐行为分析

本章研究的是基于图卷积的社交推荐算法,将重点介绍本书提出的融合社交关系的图卷积协同过滤推荐模型,首先阐述问题出发点,接下来对模型涉及的相关定义进行针对性介绍,并对模型的架构,算法步骤进行详细的描述,最后通过实验验证模型的有效性。

10.1 前 提 知 识

10.1.1 社交高阶连通性

图10.1展示了社交关系具有高阶连通性,其中目标节点 u_0 在社交图中用双圆圈进行标注。

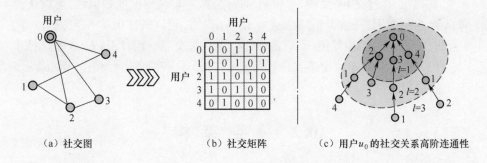

（a）社交图　　　　　（b）社交矩阵　　　　（c）用户u_0的社交关系高阶连通性

图10.1 社交关系高阶连通性

在图10.1(a)中的路径 $u_0 \leftarrow u_2 \leftarrow u_1$,$u_0$ 和 u_1 不直接相连,但是两者通过 u_2 和 u_4 一跳相连,通过 u_3 两跳相连,这预示着 u_1 可能是 u_0 的潜在好友。图10.1(c)展示了目标节点 u_0 的 n 阶(跳)邻居节点以及所有可以到达 u_0 的路径,在这些所有可达 u_0 的路径中,某个节点越接近 u_0,或者某个节点占用的路径越多,对 u_0 的影响越大。例如观察 u_1 和 u_2,u_2 离 u_0 比 u_1 离 u_0 更近,所以直觉上 u_1 对 u_0 有更大的影响;例如观察 u_2 和 u_3,u_2 占据的路径有 4 条,分别是 $u_0 \leftarrow u_2 \leftarrow u_1 \leftarrow u_4$,$u_0 \leftarrow u_2 \leftarrow u_3$,$u_0 \leftarrow u_3 \leftarrow u_2 \leftarrow u_1$,$u_0 \leftarrow u_4 \leftarrow u_1 \leftarrow u_2$,$u_3$ 占据的路径有 2 条,分别是 $u_0 \leftarrow$

$u_2 \leftarrow u_3, u_0 \leftarrow u_3 \leftarrow u_2 \leftarrow u_1$，$u_2$ 比 u_3 占据的路径条数多，所以直觉上两者对于 u_0 的影响应当是 u_2 比 u_3 的影响更大。

10.1.2　交互高阶连通性

交互关系也同样具有高阶连通性，如图 10.2 所示。同样的目标节点 u_0 在交互图中用双圆圈标注出来。

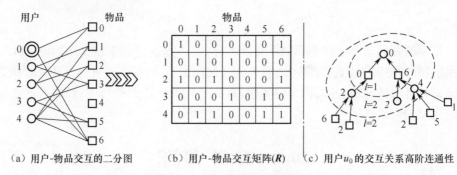

（a）用户-物品交互的二分图　　（b）用户-物品交互矩阵($\boldsymbol{R}$)　　（c）用户 u_0 的交互关系高阶连通性

图 10.2　交互关系高阶连通性

在图 10.2(a)中从 u_0 开始运行 BFS 搜索可以展开成树结构，如图 10.2(c)所示。高阶连通性表示节点到达目标节点要经过多跳，即可达路径的长度大于 1。这种高阶连通性包含了丰富的语义信息和协同信号。例如，在路径 $u_0 \leftarrow i_6 \leftarrow u_4$ 中 u_0 和 u_4 都与 i_6 有过交互，说明 u_0 和 u_4 的行为具有某种程度的相似性，可以认为 u_0 和 u_4 互为相似用户，从而长路径 $u_0 \leftarrow i_6 \leftarrow u_4 \leftarrow i_2$ 可以透露出 u_0 很可能对 i_2 产生交互行为，因为它的相似用户 u_4 之前对 i_2 也有过交互。而且，从 $l = 3$ 的路径来看，u_0 对 i_2 很可能比对 i_5 更感兴趣，因为 $< i_2, u_0 >$ 有两条路径相连，而 $<i_5, u_0>$ 只有一条路径相连。

10.2　模 型 架 构

为了提取交互数据和社交数据中的高阶关系，同时充分融合这两种高阶关系以学习到高质量的表示，我们提出了 SRGCF(Social Recommendation Graph Collaborative Filtering)模型。图 10.3 显示了 SRGCF 的整体架构。

SRGCF 模型首先使用初始化嵌入层来初始化节点的嵌入向量。其次，为了进一步增强用户和物品的嵌入，在语义聚合层的社交嵌入传播层和交互嵌入传播层上进行语义聚合操作；语义融合层用于融合来自交互图和社交图的用户嵌入，并且分别对迭代的每一层的用户嵌入和物品嵌入进行加权和，得到最终的嵌入。最后，在预测层生成推荐打分。

174

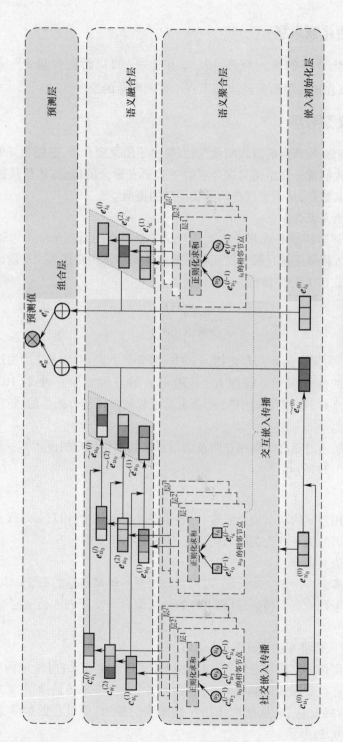

图10.3 SRGCF模型的整体架构

175

10.2.1　初始化嵌入层

随机初始化节点的嵌入矩阵,用户 u 和物品 i 的初始化向量 $\boldsymbol{e}_u^{(0)} \in \mathbb{R}^d$ 和 $\boldsymbol{e}_i^{(0)} \in \mathbb{R}^d$ 可以在矩阵中检索到,d 是节点的嵌入向量的维度。

10.2.2　语义聚合层

为了聚合和更新节点的嵌入向量,我们提出了语义聚合层,它能很好地保留高阶语义信息。我们首先介绍语义聚合层的一阶语义聚合的概念,然后从这个概念引申到高阶语义聚合,从而实现高阶语义信息的提取。

(1) 一阶语义聚合。

GCN 使用邻居特征不断进行聚合,以生成目标节点的新表示形式。SRGCF 模型中的交互嵌入传播层通过聚合交互物品的嵌入来丰富用户嵌入。一阶语义聚合在式(10.1)和式(10.2)中体现。

$$\boldsymbol{e}_u = \underset{i \in \boldsymbol{H}_u}{\mathrm{AGG}}(\boldsymbol{e}_i) \tag{10.1}$$

$$\boldsymbol{e}_i = \underset{u \in \boldsymbol{H}_i}{\mathrm{AGG}}(\boldsymbol{e}_u) \tag{10.2}$$

式中:AGG(·)为聚合函数;$\boldsymbol{H}_i$ 为物品 i 的一阶邻居,即与对物品 i 产生过交互行为的那些用户的集合向量。同理 $\boldsymbol{H}_u$ 是用户 u 的一阶邻居。如式(10.1)和式(10.2)表示的那样,在相互作用中,$\boldsymbol{e}_u$ 是由其近邻的嵌入集合派生的,同理 $\boldsymbol{e}_i$ 也是如此。

社交嵌入层通过聚合来自用户朋友的信息来精细化用户的嵌入。一阶语义聚合过程如式(10.3)所示。

$$\boldsymbol{e}_u = \underset{v \in \boldsymbol{F}_u}{\mathrm{AGG}}(\boldsymbol{e}_v) \tag{10.3}$$

式中:$\boldsymbol{F}_u$ 代表用户 u 的朋友集合向量,它表示在社交关系中,用户 u 的嵌入向量 $\boldsymbol{e}_u$ 是通过一阶邻居的关于社交的嵌入向量 $\boldsymbol{e}_v$ 的聚合而产生的。

(2) 高阶语义聚合。

通过叠加多个一阶语义聚合层,可以实现对高阶语义信息的聚合。其中,语义聚合层包含用于社交嵌入传播层(SEPL)的语义聚合和交互嵌入传播层(IEPL)的语义聚合。

① 社交嵌入传播层的语义聚合(SEPL)。

根据社交网络的高阶连通性,通过堆叠 l 跳可以收集到来自 l 阶以内所有邻居节点的信息。在社交嵌入传播层中,通过叠加多个社交嵌入传播操作,实现语义聚合,以捕获高阶好友信息,从而增强用户嵌入表达能力,该过程的数学表达如式(10.4)和式(10.5)所示。

176

$$c_u^{(l+1)} = \sum_{v \in F_u} \frac{1}{\sqrt{|F_u|}\sqrt{|F_v|}} c_v^{(l)} \qquad (10.4)$$

$$c_v^{(l+1)} = \sum_{u \in F_v} \frac{1}{\sqrt{|F_v|}\sqrt{|F_u|}} c_u^{(l)} \qquad (10.5)$$

式中:$c_u^{(l)}$ 为来自于社交图 G_S 第 l 层的 u 的嵌入向量;F_u 为 u 的朋友集合向量。

② 交互嵌入传播层的语义聚合(IEPL)。

根据前文提到的交互高阶连通性可以得出:堆叠偶数层(即从用户开始,路径长度为偶数)可以捕获用户与用户行为的相似信息,而堆叠奇数层则可以捕获用户对物品的潜在交互信息。因此,交互嵌入传播层的语义聚合通过对各个交互嵌入传播层进行迭代,捕获交互数据中高阶连通性的协同信号,从而增强嵌入表达的质量。该过程的表达式如式(10.6)和式(10.7)所示。

$$e_i^{(l+1)} = \sum_{u \in N_i} \frac{1}{\sqrt{|H_i|}\sqrt{|H_u|}} e_u^{(l)} \qquad (10.6)$$

$$e_u^{(l+1)} = \sum_{i \in N_u} \frac{1}{\sqrt{|H_u|}\sqrt{|H_i|}} e_i^{(l)} \qquad (10.7)$$

式中:$e_u^{(l)}$ 和 $e_i^{(l)}$ 分别为 u 和 i 在社交图 G_R 上的第 l 层的嵌入向量。

10.2.3 语义融合层

直觉上,将社交嵌入传播层的带有的社交信息的用户向量和交互嵌入传播层中带有交互信息的用户向量相融合,可以增强最终的用户表示。

在分别获得社会语义聚合嵌入向量和交互语义聚合嵌入向量后,又对各对应层的用户嵌入进行融合,融合过程如式(10.8)所示。

$$\tilde{e}_u^{(l)} = g(e_u^{(l)}, c_u^{(l)}) \qquad (10.8)$$

式中:$\tilde{e}_u^{(l)}$ 代表来自社交图 G_S 和交互图 G_R 的用户 u 的嵌入向量,这里令 $e_u^{(0)} = c_u^{(0)}$,$g(\cdot)$ 是一个融合函数,有很多种实现方式,这里采用了式(10.9)进行融合:

$$\tilde{e}_u^{(l)} = \text{norm}(\text{sum}(e_u^{(l)}, c_u^{(l)})) \qquad (10.9)$$

式中:sum(·)为逐元素相加。

直觉上式(10.9)的这个操作可以在向量空间维度不发生改变的同时增强信号表示;norm(·)是行正则操作,用来正则化用户向量。

之后用户的最终表示 e_u^* 和物品的最终表示 e_i^* 通过融合各层嵌入得到,即

$$e_u^* = \sum_{l=0}^{L} \alpha_l \tilde{e}_u^{(l)} \ ; \ e_i^* = \sum_{l=0}^{L} \beta_l e_i^{(l)} \qquad (10.10)$$

式中:e_u^* 为用户 u 的最终向量;e_i^* 为物品 i 的最终向量;L 为总的迭代层数。在 LightGCN 中,将 α 和 β 设为 $1/(L+1)$,这两个参数的设置比较灵活,可以利用注

意机制进行学习。

10.2.4 预测层

模型的最后一部分是根据商品的嵌入情况向用户推荐产品。我们使用内积形式进行预测,即

$$\hat{y}_{ui} = e_u^{*\mathrm{T}} e_i^* \tag{10.11}$$

之后计算 BPR 损失,并对模型参数进行优化,即

$$J = \sum_{(u,i,j) \in O} -\ln\sigma(\hat{y}_{ui} - \hat{y}_{uj}) + \lambda \parallel \Theta \parallel_2^2 \tag{10.12}$$

式中: $O = \{(u,i,j) \mid (u,i) \in R^+, (u,j) \in R^-\}$ 代表了成对的训练数据; R^+ 为历史中存在交互行为的用户物品对集合; R^- 代表不存在交互行为的用户物品对集合; Θ 为模型参数,其中模型参数只包括初始用户向量 $e_u^{(0)}$ 和初始物品向量 $e_i^{(0)}$; λ 是用于控制模型过拟合的超参数。

为了便于落地实现,在 SRGCF 模型框架下提出 SRRA 算法,采用矩阵形式实现(详见表 10.1 Algorithm 1)。

交互矩阵记为 $R \in \mathbb{R}^{M \times N}$,$M$ 是用户的数量,N 是物品的数量,如果用户 u 和物品 i 之间有交互则 R_{ui} 的值为 1,否则 R_{ui} 的值为 0。然后社交图 G_R 的邻接矩阵 A,即

$$A = \begin{pmatrix} 0 & R \\ R^{\mathrm{T}} & 0 \end{pmatrix} \tag{10.13}$$

之后令第 0 层的嵌入矩阵为 $E^{(0)} \in \mathbb{R}^{(M+N) \times d}$,其中是 d 嵌入向量的维度,第 $l+1$ 层的矩阵可以通过式(10.14)计算:

$$E^{(l+1)} = (D^{-\frac{1}{2}} A D^{-\frac{1}{2}}) E^{(l)} \tag{10.14}$$

式中: D 为 A 的度矩阵,是一个对角矩阵,维度是 $(M+N) \times (M+N)$,每一个元素 D_{ii} 代表 A 矩阵中第 i 行的非零值。

表 10.1 SRRA 算法

算法 1:社交关系推荐算法(SRRA).
步骤 1:计算用户和项目的嵌入
输入: R, S, M, N, d, l
初始化: $E^{(0)} = C^{(0)}, K, \alpha = \beta = 1/(l+1)$
通过 R, S,分别计算 A 和 B
通过 A, B,分别计算 D 和 P
$E_U^{(0)}, E_I^{(0)} \leftarrow E^{(0)}, C_U^{(0)} \leftarrow C^{(0)}$
$\bar{E}_U \leftarrow E_U^{(0)}, C_U^{(0)},$

算法 1:社交关系推荐算法(SRRA).
设置 $E_I^* = E_I^{(0)}$
For $l \in L$:
通过 $E^{(l)}$, $C^{(l)}$, 分别计算 $E^{(l+1)}$ 和 $C^{(l+1)}$
通过 $E^{(l+1)}$, $C^{(l+1)}$, 分别获得 $E_U^{(l+1)}$, $E_I^{(l+1)}$, $C_U^{(l+1)}$
$E_U^{(l+1)}$, $C_U^{(l+1)} \to \tilde{E}_U^{(l+1)}$
$E_U^* \mathrel{+}= \tilde{E}_U^{(l+1)}$, $E_U^* \mathrel{+}= E_I^{(l+1)}$
End For
$E_U^* = \alpha E_U^*$, $E_I^* = \beta E_U^*$
步骤 2:计算 SRRA 的损失
设置 $L_{BPR} = 0$
For $u \in U$:
$e_u^{(0)} = \mathrm{lookup}(E_U^{(0)}, u)$ //从 $E_U^{(0)}$ 求用户 u 的初始向量
$L_{BPR} \mathrel{+}= \left\| e_u^{(0)} \right\|^2$ //将正则化项加入损失
For $i \in R_u^+$: // 迭代用户 u 的正例项集
$e_i^* = \mathrm{lookup}(E_I^*, i)$ //从 E_I^* 中查找 i 的向量
$\hat{y}_{ui} = e_u^{*\mathrm{T}} e_i^*$ // 计算阳性样本的得分
For $j \in R_u^-$: // 迭代针对用户 u 的负示例项集
$e_j^* = \mathrm{lookup}(E_I^*, j)$
$\hat{y}_{uj} = e_u^{*\mathrm{T}} e_j^*$
$L_{BPR} \mathrel{+}= (-\ln\sigma(\hat{y}_{ui} - \hat{y}_{uj}))$ //计算 BPR 的损失
End For
End For
步骤三:生成推荐建议
训练算法直至收敛
根据预测分数选择 top10 项目进行推荐
Return Recall, NDCG

同理,社交矩阵被记为 $S \in \mathbb{R}^{M \times M}$,其中如果 u 和 v 是好友则 S_{uv} 是 0,否则 S_{uv} 为 1, G_S 的邻接矩阵为 B,即

$$B = \begin{pmatrix} 0 & S \\ S^{\mathrm{T}} & 0 \end{pmatrix} \tag{10.15}$$

令第 0 层的嵌入矩阵为 $C^{(0)} \in \mathbb{R}^{(M+M) \times d}$,第 $l+1$ 层的用户矩阵可以由式 (10.16) 得到。

$$C^{(l+1)} = (P^{-\frac{1}{2}}BP^{-\frac{1}{2}})C^{(l)} \tag{10.16}$$

式中：P 是矩阵 B 的度矩阵。

实际上 $E^{(l)}$ 是堆叠来的，即 $E^{(l)} = \mathrm{stack}(E_U^{(l)}, E_I^{(l)})$，$E^{(l)}$ 可以分为用户矩阵和物品矩阵，分别记为 $E_U^{(l)}$ 和 $E_I^{(l)}$；同理，$C^{(l)}$ 是堆叠成的，即 $C^{(l)} = \mathrm{stack}(C_U^{(l)}, C_U^{(l)})$，也就是说 $C^{(l)}$ 可以被分割为两个部分，但是两者都是用户嵌入矩阵，这里 $C_U^{(l)}, E_U^{(l)} \in \mathbb{R}^{M \times d}, E_I^{(k)} \in \mathbb{R}^{N \times d}$。

最后，第 l 层的用户表示可以通过式(10.17)得出：

$$\tilde{E}_U^{(l)} = \mathrm{norm}(\mathrm{sum}(E_U^{(l)}, C_U^{(l)})) \tag{10.17}$$

最后将各层的表示形式进行融合得到最终表示形式，即

$$E_U^* = \sum_{l=0}^{L} \alpha_l \tilde{E}_U^{(l)}, E_I^* = \sum_{l=0}^{L} \beta_l E_I^{(l)} \tag{10.18}$$

使用内积来计算得分为

$$\hat{Y} = E_U^{*\mathrm{T}} E_I^* \tag{10.19}$$

10.3　模　型　训　练

计算 BPR 损失，即

$$L_{\mathrm{BPR}} = -\sum_{u=1}^{M} \sum_{i \in H_u} \sum_{j \notin H_u} \ln \sigma(\hat{y}_{ui} - \hat{y}_{uj}) + \lambda \|E^{(0)}\|^2 \tag{10.20}$$

损失函数的优化器使用 Adam，它可以自适应学习率。

10.4　实　　验

10.4.1　数据集与基线模型

1. 数据集

本节使用 4 个数据集，下面是这些数据集的介绍，表 10.2 展示了这些数据集的统计情况。

（1）Brightkite，一个与社交网络平台相结合的位置分享平台，用户可以通过签到分享自己的位置，它包括签到数据和社交数据。

（2）Gowalla，类似 Brightkite 的职位分享平台。该数据集包括签到数据和用户社交数据。

（3）Epinions，一个消费者评论网站，允许用户点击物品和添加信任用户。该数据集包含用户的评分数据和信任关系数据。

（4）LastFM，一个音乐分享的社交音乐平台。该数据集包括用户听音乐的数据和用户之间关系的数据。

表 10.2　4 个数据集的统计情况

数据集	Brightkite	Gowalla	Epinions	LastFM
#User	6310	14,923	12,392	1860
#Item	317,448	756,595	112,267	17,583
#Interaction	1,392,069	2,825,857	742,682	92,601
#Connection	27,754	82,112	198,264	24,800
R-Density	6.9495×10^{-4}	2.5028×10^{-4}	5.3384×10^{-4}	2.8315×10^{-4}
S-Density	6.9705×10^{-4}	3.6872×10^{-4}	1.2911×10^{-3}	7.1685×10^{-3}

2. 基线模型

为了解释该模型有多有效，将 SRRA 与 3 种类型的模型进行比较，一个是基于深度学习的社交推荐方法，另外 3 个是基于 GNN 的社交推荐方法，如表 10.3 所示。

表 10.3　模型特点对比

方法	社交推荐	DL	Graph-Based	
			GNN	GCN
LightGCN				√
DSCF	√	√		
DiffNet	√	√	√	
GraphRec	√	√	√	
DICER	√	√	√	
SRRA	√			√

（1）LightGCN，该模型通过在交互式图中建模高阶连通性，可以有效地在嵌入过程中显式地提取协同信号。

（2）DSCF，该模型利用较远的邻居提供的信息，显示地捕捉邻居对物品的不同意见。

（3）DiffNet，基于 GNN 的模型，分析用户如何基于递归社会扩散做出决策。

（4）GraphRec，该模型捕捉 G_R 中的交互和意见，还以连贯的方式对两个图（例如 G_R 和 G_S ）的异质性的强度建模。

（5）DICER，该模型通过引入高阶邻域信息对用户和物品进行建模，并基于深度上下文提取最相关的交互信息。

10.4.2 实验设置

1. 参数及其他设置

我们使用 80% 的 Brightkite、Gowalla、Epinions 和 LastFM 进行训练,10% 用于调优超参数,10% 用于测试最终性能。所有方法的参数均按标准正态分布随机初始化。此外,基线算法的初始化和参数调优遵循了相应论文中描述的过程。在批处理大小为 1024 的情况下,我们测试了嵌入大小 d 分别为 $\{8、16、32、64、128、256\}$ 的情况,并且我们还分别在 $\{0.0005、0.001、0.005、0.01、0.05、0.1\}$ 中找到了适当的学习率和在 $\{1\times10^{-6}, 1\times10^{-5}, \cdots, 1\times10^{-2}\}$ 中搜索最佳 L_2 正则化因子。将每层的聚合因子 α_l 和 β_l 设为 $1/(L+1)$,其中 L 为层数的总和。

2. 实验环境。

本节实验使用实验环境配置如表 10.4 所示。

表 10.4   实验环境配置

实验环境	具 体 配 置
操作系统	Ubuntu18.02
GPU	GTX1080Ti
CPU	2×Intel(R)Xeon(R) Silver 4214 CPU @ 2020GHz2.19GHz
内存	128G
编程语言	Python 3.7
深度学习框架	Tensorflow 1.12.0

10.4.3 实验结果

1. 对比实验

我们将比较本小节中的所有方法。在表 10.5 和表 10.6 展示了 SRRA 和基线之间的性能比较。

从表 10.5 和表 10.6 可以得出以下结论。

首先,包含社会关系的方法优于不包含社会关系的方法。例如,在表 10.4 中,DSCF、DiffNet、GraphRec、DICER 和 SRRA 的性能优于 LightGCN。这表明,将社会信息纳入推荐系统是有效和有帮助的。其次,我们的 SRRA 方法在这 4 个数据集上取得了最好的性能。其中,SRRA 与基于 GNN 和 DL 的社会推荐模型 DICER 相比,平均提高了 2.27%、2.85%、5.58% 和 6.90%;与 GraphRec 相比,SRRA 在 4 个数据集上的平均提高幅度分别为 5.55%、6.44%、13.42% 和 13.08%。我们猜测一个可能的原因是,Brightkite 和 Gowalla 作为与位置相关的社交网络,用户在这类社交平台上的活动和消费偏好不容易受到影响；对于 Epinions 和 LastFM，人们强烈依赖社会关系来获得正确的商品评论和他们要听的音乐列表。改进后的模型主要有两个方面的原因：

（1）模型采用了 GCN 架构以高阶方式提取社交关系和交互关系，它利用到了社交图中多跳邻居的社交相关信息和交互图中传播的高阶协同信息；

（2）在对用户和物品表示建模时，融合了各阶社交信息和协作信息，增强了用户和物品表示。

表 10.5　SRRA 和 baselines 的在 Recall@10 上的性能比较

数据集	模型					
	LightGCN	DSCF	DiffNet	GraphRec	DICER	SRRA
Brightkite	0.1642	0.1895	0.1962	0.2172	0.2235	**0.2293**
Gowalla	0.2083	0.2253	0.2399	0.2779	0.2886	**0.3011**
Epinions	0.2269	0.2613	0.2874	0.2845	0.3155	**0.3341**
LastFM	0.2519	0.2742	0.2932	0.2876	0.3059	**0.3272**

表 10.6　SRRA 和 baselines 的 NDCG@10 的性能比较

数据集	模型					
	LightGCN	DSCF	DiffNet	GraphRec	DICER	SRRA
Brightkite	0.1321	0.1393	0.1539	0.1612	0.1672	**0.1701**
Gowalla	0.1355	0.1482	0.1667	0.1724	0.1744	**0.1782**
Epinions	0.1425	0.1598	0.1642	0.1709	0.1737	**0.1824**
LastFM	0.1431	0.1563	0.1628	0.1862	0.1953	**0.2086**

2. 超参数分析

对于所提出的模型，有两个关键参数：层数 l 和嵌入尺寸 d。在本节中，我们首先只改变一个参数，并固定其他参数，然后观察性能如何变化。

（1）层数 l 的影响。

以 Gowalla 和 Epinions 为例，我们设置 l 从 1 到 5 来衡量不同层的影响，如图 10.4 所示，我们可以得到不同层数的性能。我们观察到，随着层数的增加，性能先增加后降低。当层数从 1 层增加到 4 层时，SRRA 的性能得到了提高。但是，当层数为 5 时，性能开始变差。说明在图卷积方法中，层数过多会导致过于平滑，这是一个普遍存在的问题。因此，为了防止这种情况，我们需要使用适当数量的层。

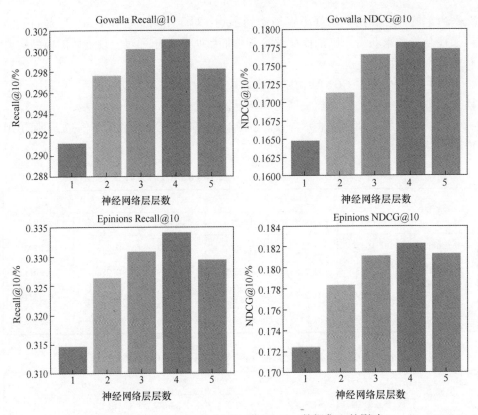

图 10.4　layers l 在 Gowalla and Epinions 数据集上的影响

（2）嵌入维度 d 的影响。

在本小节中,我们以 Gowalla 和 Epinions 为例,分析 e_u 和 e_i 的嵌入向量大小如何影响所提出的模型。在这两个数据集上,图 10.5 比较了我们提出的模型在改变其嵌入大小 d 时的性能。

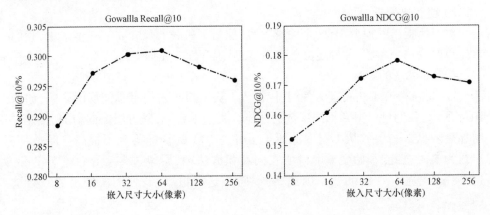

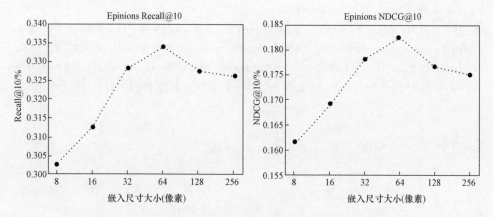

图 10.5　嵌入维度 d 在 Gowalla and Epinions 数据集上的影响

　　因此,随着嵌入大小的增加,性能先变好,然后变差。如果从 8 增加到 64,性能会有明显的提高。但是,当嵌入尺寸为 128 时,SRRA 的性能开始下降。它证明了一个大的嵌入大小可能产生强大的表示。然而,如果嵌入的长度过长,我们的模型会变得更加复杂。因此,我们必须找到一个合适的嵌入大小来进行权衡,我们发现 64 是最优值。

参 考 文 献

[1] Chen J,Xin X,Liang X,et al.GDSRec:Graph-Based decentralized collaborative filtering for social recommendation[J]. IEEE Transactions on Knowledge and Data Engineering, 2022, 35(5): 4813-4824.

[2] Zhao M,Deng Q,Wang K,et al. Bilateral filtering graph convolutional network for multi-relational social recommendation in the power-law networks[J]. ACM Transactions on Information Systems (TOIS),2021,40(2):1-24.

[3] Liu K,Xue F,He X,et al. Joint multi-grained popularity-aware graph convolution collaborative filtering for recommendation[J]. IEEE Transactions on Computational Social Systems,2022,10(1): 72-83.

[4] Shu H,Chung F L,Lin D.MetaGC-MC:A graph-based meta-learning approach to cold-start recommendation with/without auxiliary information[J]. Information Sciences,2023,623:791-811.

[5] Moon J,Jeong Y,Chae D K,et al.CoMix:Collaborative filtering with mixup for implicit datasets [J]. Information Sciences,2023,628:254-268.

[6] Zhang C,Wang Y,Zhu L,et al.Multi-graph heterogeneous interaction fusion for social recommendation[J]. ACM Transactions on Information Systems (TOIS),2021,40(2):1-26.

[7] Wu L,He X,Wang X,et al. A survey on accuracy-oriented neural recommendation:From collaborative filtering to information-rich recommendation[J]. IEEE Transactions on Knowledge and Data

Engineering,2022,35(5):4425-4445.

[8] Huang L,Ma Y,Liu Y,et al. Position-enhanced and time-aware graph convolutional network for sequential recommendations[J]. ACM Transactions on Information Systems,2023,41(1):1-32.

[9] Liu C,Li Y,Lin H,et al.GNNRec:Gated graph neural network for session-based social recommendation model[J]. Journal of Intelligent Information Systems,2023,60(1):137-156.

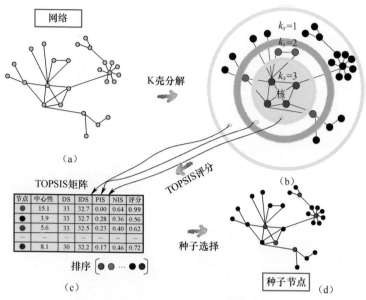

图 2.2　K-TOPSIS 的整体框架示意图

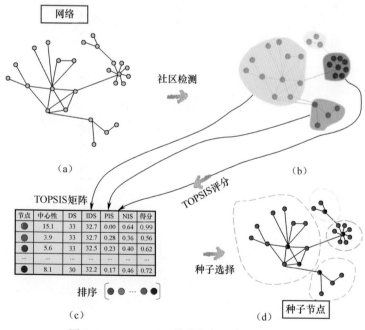

图 2.3　CM-TOPSIS 整体框架示意图

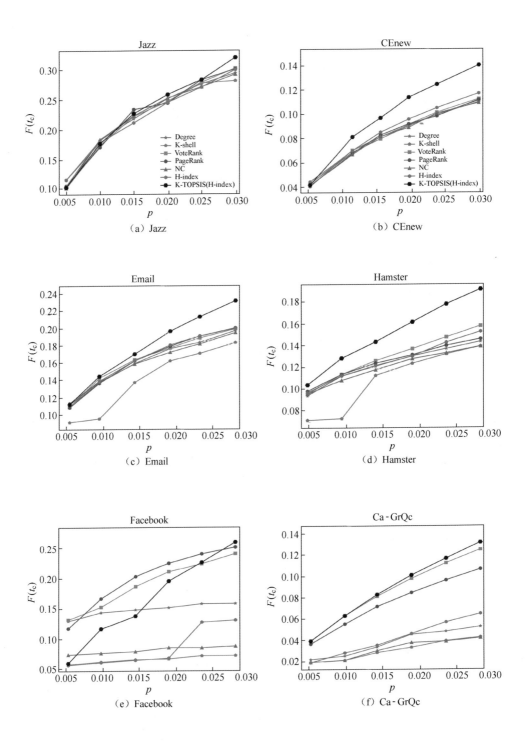

（a）Jazz

（b）CEnew

（c）Email

（d）Hamster

（e）Facebook

（f）Ca‐GrQc

彩 2

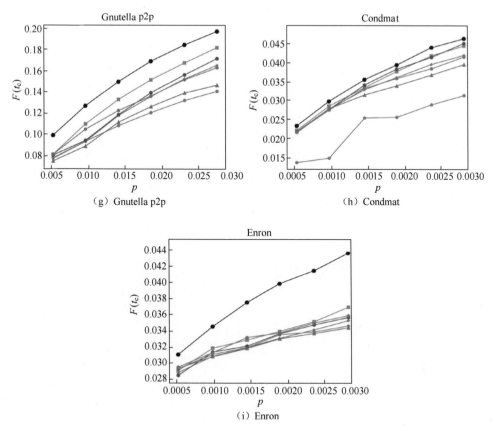

图 2.4　K-TOPSIS 方法在 9 个网络中不同初始节点比例下的感染规模对比

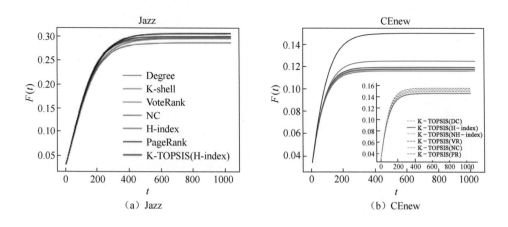

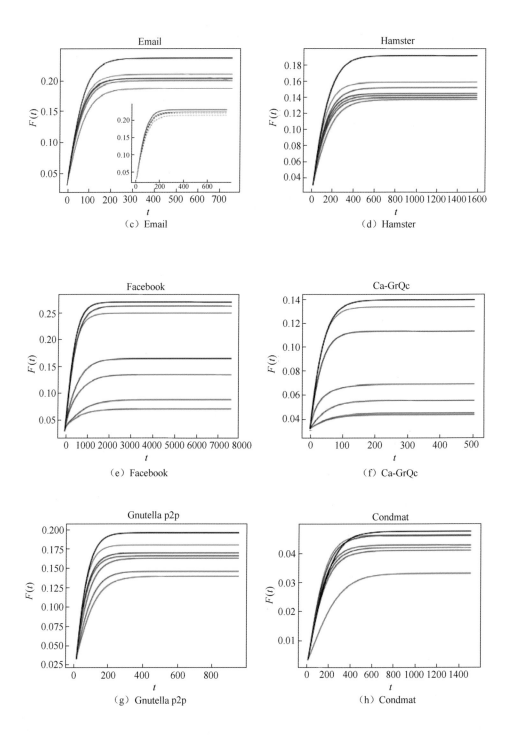

（c）Email

（d）Hamster

（e）Facebook

（f）Ca-GrQc

（g）Gnutella p2p

（h）Condmat

彩 4

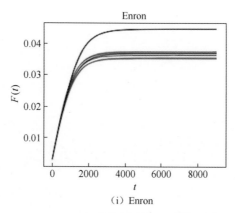

（i）Enron

图 2.5　K-TOPSIS 与其他基线方法的感染方法比较

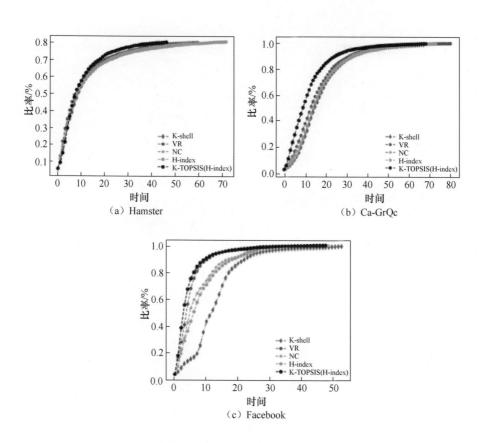

（a）Hamster

（b）Ca-GrQc

（c）Facebook

图 2.7　SI 模型中的感染规模(种子比例设置为 0.03)

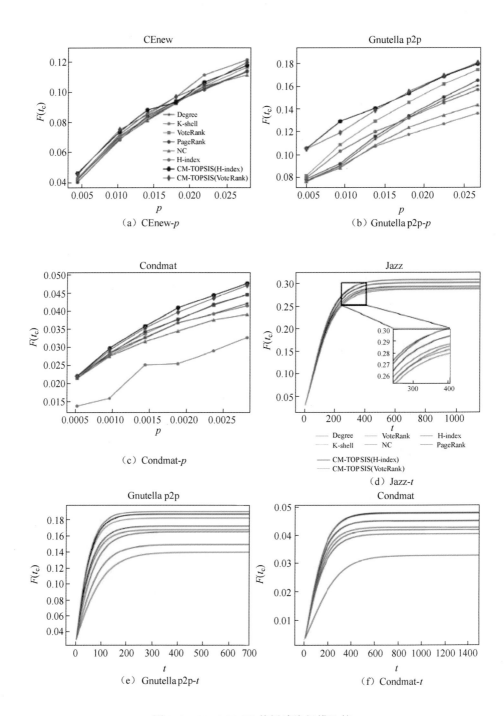

图 2.8　CM-TOPSIS 传播感染规模比较

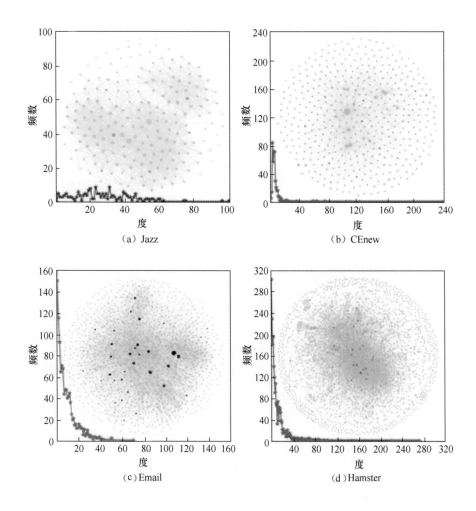

图 2.9　K-TOPSIS 方法选择出来的种子节点

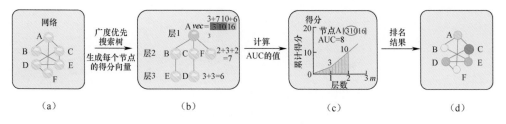

图 3.1　图遍历中心性的生成过程

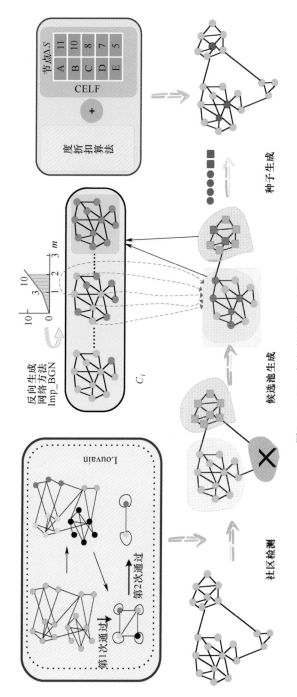

图3.2 CBGN框架的整体示意图

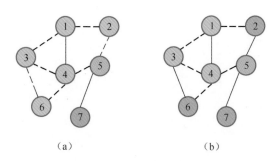

（a）　　　　　　　　　（b）

图 3.3　一个玩具网络

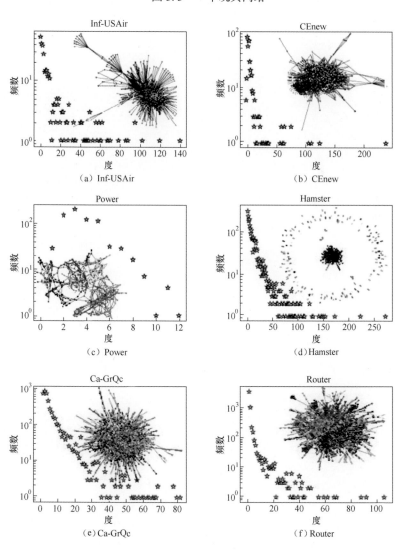

（a）Inf-USAir

（b）CEnew

（c）Power

（d）Hamster

（e）Ca-GrQc

（f）Router

图 3.5　6 个实验网络的度分布

彩 9

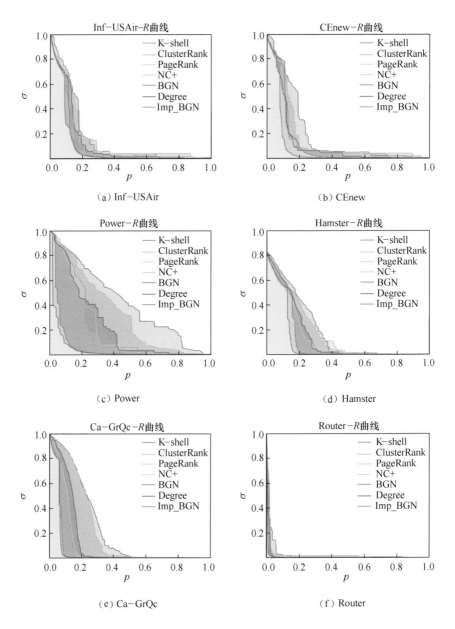

图 3.6 6个真实网络在不同方法下的 R 曲线

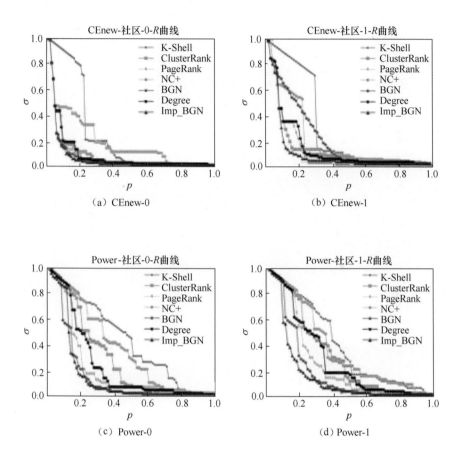

图 3.7　两个真实网络社区中的 R 曲线

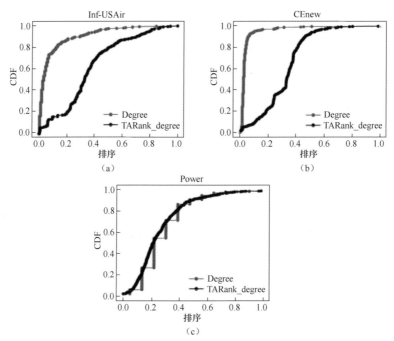

图 3.8　Degree 和 TARank _ degree 在 3 个网络上的 CDF 分布图

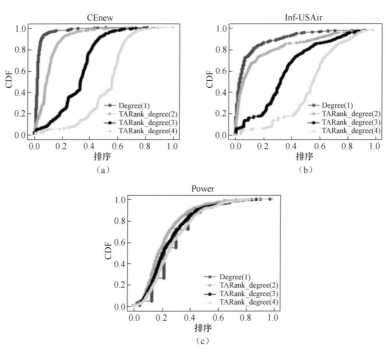

图 3.9　参数 k 比较

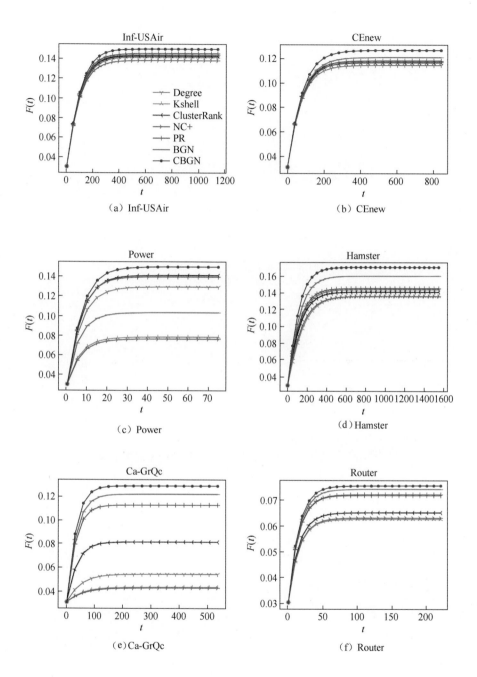

（a）Inf-USAir

（b）CEnew

（c）Power

（d）Hamster

（e）Ca-GrQc

（f）Router

彩 13

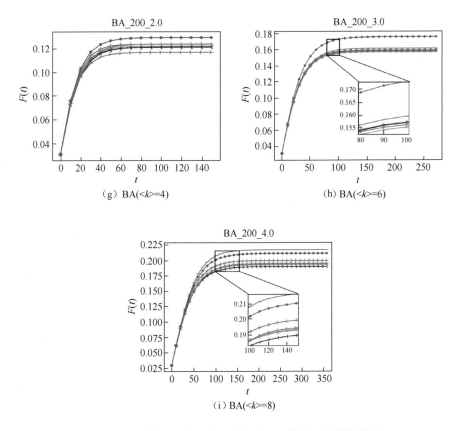

图 3.10 不同算法选择的种子节点在 SIR 模型下的传播影响

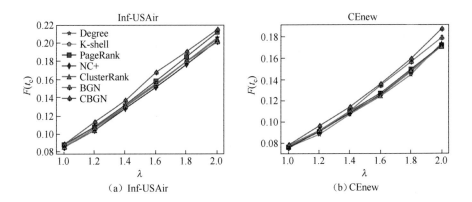

（a）Inf-USAir （b）CEnew

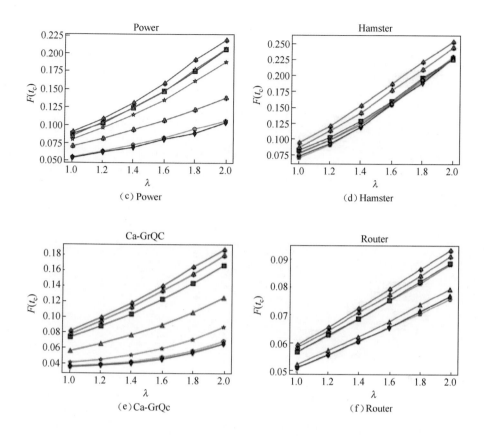

图 3.11 不同感染率下的传播规模

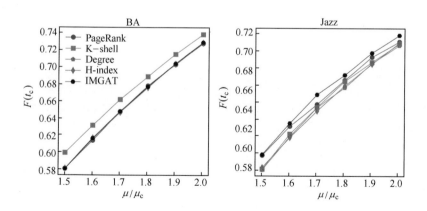

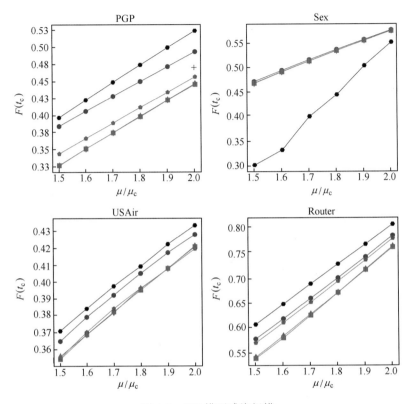

图 4.3　SIR 模型感染规模

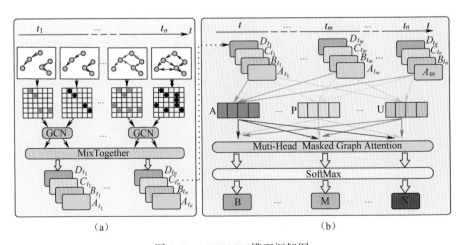

图 5.5　ASTHGCN 模型框架图

彩 16

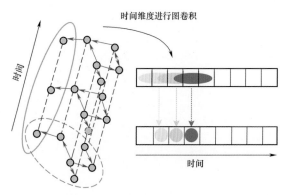

图 5.7　图卷积学习用户关注关系

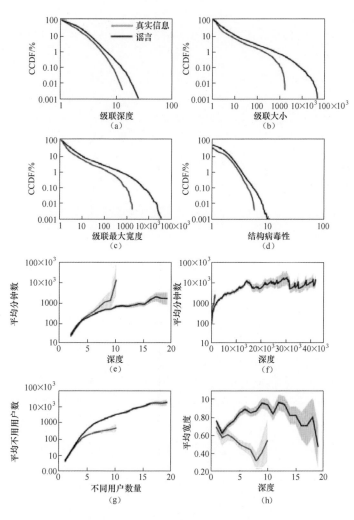

图 7.2　谣言和真实信息的传播差异